TSCHRIFT FÜR MIKROELEKTRONIK · COMPUTERTECHNIK · INFORMATIK

Heft 2 · 1988

Mikroprozessortechnik

VEB Verlag Technik Berlin

ISSN 0232-2892

-Kurs:

ikroprozessorsystem 1810 WM86

Neues über FORTH

CP/M oder UDOS?

Die Meinung von A. Hoklas in MP 10/87, S. 290 ist aus der Sicht derjenigen, welche hauptsächlich mit UDOS arbeiten und in der Regel prozeßnahe Software entwickeln, sicherlich weit verbreitet und hat auch ihre Berechtigung. Heutzutage ist aber die Masse der Computernutzer mit der Lösung allgemeiner, meist ökonomischer Probleme beschäftigt. Deshalb ist meiner Meinung nach die Stellungnahme der Redaktion zu global und nicht überzeugend, so daß Neulinge auf der Computerszene tatsächlich ins Grübeln kommen könnten. UDOS wurde speziell für den Prozessor Z80 entwickelt, nutzt also auch alle Möglichkeiten dieses Prozessors. Dagegen ist CP/M, wenn man nur die Arbeitsweise des Systems betrachtet, natürlich moralisch verschlissen. Hoch aktuell ist jedoch nach wie vor die gesamte unter CP/M verfügbare Anwendersoftware, welche den meisten Anwenderwünschen bereits ohne Benutzung einer höheren Programmiersprache gerecht wird. Gibt es denn unter UDOS etwas Vergleichbares zu WSTAR, dBASE, SUPERCALC, MULTIPLAN usw.? Vor einigen Jahren waren die Computernutzer auf Grund der geringen Verfügbarkeit der Gerätetechnik in der Regel Computerexperten. Für diese „Insider" war UDOS oder RIO, z. B. auf dem MRES, ausgesprochen interessant (Erfahrungswert). Heute hingegen gibt es bereits wesentlich mehr Computer als Experten, d. h., die stetig wachsende Masse der Nutzer sind die sogenannten „naiven" Anwender. Und für diese Nutzer ist CP/M mit seiner anwenderfreundlichen Benutzeroberfläche und seiner weitreichenden Anwendersoftware sicherlich besser geeignet als das offene UDOS mit seinen für „Outsider" recht schwer durchschaubaren Möglichkeiten.
Das Problem der Einbindung zusätzlicher Treiber in ein CP/M-kompatibles System ist für einen CP/M-Systemprogrammierer ebensowenig ein Problem, wie für einen UDOS-Systemprogrammierer die Treibereinbindung in UDOS. Auch unter UDOS gibt es einige allgemeingültige Forderungen an ein Treiberprogramm, die beachtet werden müssen. Dies ist also auch kein Argument, um gleich CP/M zu „verdammen". Die angeführten „schwerwiegenden konzeptionellen Schwächen" von CP/M entfallen weitestgehend, wenn der CP/M-Systemprogrammierer seine zusätzlichen Treiber (falls überhaupt nötig) direkt ins BIOS einlagern kann. Warum also nicht CP/M?

Hartmut Schreiber

Entwicklung Integrierter Schaltungen bis zum Jahre 2000

In dem Beitrag in MP 7/87, S. 195–200 wurde dargestellt, wohin die Mikroelektronik bis zum Jahre 2000 marschieren wird. Dennoch gibt es aus meiner Sicht einige Bemerkungen:

- Die Hauptanwendungsgebiete der Bauelemente werden sich anders verteilen als in Tafel 1 dargestellt. Beispielsweise gibt der Zweigverband der Elektrotechnik (ZVEJ) in der BRD für 1986 an: 11,6 Mrd DM Bauelemente, davon 25 % Industrieelektronik; 22 % Telekommunikation; 20 % Unterhaltungselektronik, 17 % Büro- und Datentechnik; 12 % Autoelektronik mit etwa gleichen jährlichen Zuwachsraten.
- ASICs werden nicht „einige 10 %", sondern 30 % des Weltmarktes erreichen und gravierend das Niveau bestimmen.
- Der Siegeszug der schnellen CMOS-Technik ist nicht aufzuhalten; dem sollte auch in einem solch prinzipiellen Artikel Rechnung getragen werden, bevor man Supercomputer mit ECL und GaAs besonders betont.
- Bei den Speichern, die übrigens zu wenig erwähnt werden, fehlen gänzlich EEPROMs.
- Ausgehend von der falschen Angabe zur Anwendungsbreite von Bauelementen werden der Computersektor überbetont und die anderen Anwender unterbewertet.

Dr. Rolf Wätzig

DUMP-Format

Für kürzere Programme ist der Assembler-Quelltext bzw. vielleicht besser noch die Übersetzungsliste wohl die optimale Darstellungsart. Längere Programme lassen sich vom HEX-DUMP aber wesentlich schneller übernehmen und benötigen viel weniger Platz. Um Fehler bei der Übermittlung auszuschließen, schlage ich vor, daß Autoren Ihnen die Programme direkt per Kassette zusenden.
Nach einer einheitlichen Formatierung könnte dann mit einem hochwertigen Drucker, den nun mal nicht jeder besitzt, die Druckvorlage hergestellt werden. Vielleicht geht es auch direkt vom Computer auf die Setzmaschine?
Sinngemäß müßte sich dies auch mit Assemblertext verwirklichen lassen. Leider hat sich bei uns für Kleincomputer kein einheitliches Aufzeichnungsformat durchgesetzt, so daß solche Vorhaben, aber auch der allgemeine Programmaustausch, erschwert sind. Vielleicht könnte durch Sie für diese Zwecke einmal eine Art Standardkassettenroutine veröffentlicht werden, die sich auch an U880-Rechner mit minimaler Hardware anpassen lassen sollte (evtl. Z1013-Routine).
Der Beitrag U880-Editor von Andreas Bogatz war zwar sehr interessant, hatte aber, wie leider sehr viele in unseren Fachzeitschriften, nur informativen Charakter. Das Interesse gerade an diesem Programm dürfte aber so groß sein, daß ein entsprechender HEX-DUMP mit Anpassungshinweisen für andere Rechner sicherlich von vielen mit Dank aufgenommen werden würde.

Helmar Thiere

Leider verfügen wir noch nicht über die Hardware und die entsprechende Software, um Manuskripte auf Kassette oder Diskette entgegennehmen und bearbeiten zu können. Wenn diese Voraussetzungen gegeben sind, ist als nächster Schritt natürlich denkbar, daß die bearbeiteten Beiträge direkt vom Redaktionscomputer per Diskette an die Lichtsatzanlage gehen. Das dürfte für die Redaktion MP aber noch etwas „Zukunftsmusik" sein.

Achten Sie also bitte weiterhin darauf, daß Programmausdrucke reprofähig sind. Steht kein Drucker zur Verfügung, tut's in Ausnahmefällen auch mal die Schreibmaschine. Sehr wichtig sind auf jeden Fall die Verwendung von weißem Papier und schwarzem Farbband. Und in diesem Zusammenhang noch eine Bitte an alle Autoren: Reichen Sie uns keine handschriftlichen Manuskripte ein. Derartige Manuskripte können wir nicht bearbeiten, Sie erhalten sie in Zukunft postwendend zurück. Zu ihrer zweiten Frage können wir Ihnen mitteilen, daß die Kleincomputer KC 85/1, /2, /3, und KC 87 ein einheitliches Kassetteninterface besitzen. Dieses Interface kann mit relativ geringem Hardwareaufwand an andere U880-Systeme angepaßt werden. Die Unterlagen werden vom VEB Mikroelektronik „Wilhelm Pieck" Mühlhausen, Eisenacher Straße 40, 5700 zur Nachnutzung angeboten.

Arbeitskreis FORTH

Im Rahmen der Interessengemeinschaft FORTH (KDT Suhl) wurde ein Arbeitskreis FORTH-Standards/Empfehlungen gegründet. Aufgabe dieses Arbeitskreises soll es sein, FORTH-Lösungen zu Standard-Problemen der Programmierung (z. B. Arithmetik, Datenstrukturen, Listenverarbeitung, Entwicklungshilfsmittel, Nutzerkommunikation, Grafik) abzustimmen und zu publizieren, um sie einer breiten Anwendung zugänglich zu machen und so die Effektivität und die Austauschbarkeit von FORTH-Lösungen zu verbessern. Die Vorschläge müssen mit dem Standard FORTH-83 verträglich sein und sollten in Form von Glossaries, ergänzt durch eine Begründung sowie eine Diskussion der Vor- und Nachteile, veröffentlicht werden.
ZKI der AdW der DDR, Bereich Bildanalyse, Dr. Westendorf, Kurstraße 33, Berlin, 1086

Dr. Christian-M. Westendorf

MP im Jahr 1988

- Bereits in diesem Heft beginnen wir im MP-Kurs mit einer Reihe zum Mikroprozessorsystem K 1810 WM 86 (8086), das wegen der Verwendung im A 7150 und ESER-PC (EC 1834) für viele von besonderem Interesse sein dürfte.
- In einer ab MP 3/88 beginnenden Artikelserie werden dann die Mikroprozessoren der Reihe 80×86 ausführlich beschrieben.
- Neben anderen Vorhaben wird für MP-Kurs bereits eine Reihe zur künstlichen Intelligenz vorbereitet.
- Ein Heft wird der Problematik fehlertolerante Mikrorechnersysteme gewidmet sein, ein anderes wird die ausführliche Beschreibung des Floppy-Disk-Controllers mit Applikationshinweisen beinhalten.
- Wir werden uns weiterhin bemühen, von Tagungen und Konferenzen unseres Fachgebietes die interessantesten Beiträge für Sie zu veröffentlichen; beispielsweise von der Tagung Computer- und Mikroprozessortechnik und von der INFO'88.
- Wir rufen aber auch Sie auf, uns mit dem Angebot von noch mehr Einführungs- und Übersichtsartikeln sowie mit Beiträgen, die weniger nach dem Motto „**Was** habe ich gemacht?" als vielmehr im Stil von „**Wie** wird's gemacht?" verfaßt sind, zu unterstützen.

Natürlich nehmen wir auch weiterhin gern Ihre Hardware- und Software-Tips & Tricks zu den in der DDR verfügbaren Computern entgegen.
Mit dieser Zielstellung werden wir die Zeitschrift MP noch praxiswirksamer und interessanter gestalten.

Ihre Redaktion MP

In eigener Sache

Ab sofort suchen wir für die Stelle eines Redakteurs unserer Zeitschrift MP eine(n) geeignete(n) Mitarbeiter(in) mit abgeschlossenem Hoch- oder Fachschulstudium und guten Kenntnissen der Computertechnik (Hard- und Software).

Zu den Aufgaben gehören u. a.:
- Betreuen des Sachgebietes Computertechnik in der Zeitschrift
- Gewinnen und redaktionelles Bearbeiten von Manuskripten
- Besuchen und Auswerten von Fachtagungen, -messen und -ausstellungen
- Zusammenarbeit mit Gutachtern und ggf. selbständiges Testen von Programmen, die der Redaktion zur Veröffentlichung eingereicht wurden
- Bearbeiten bzw. Beantworten von Leseranfragen.

Falls Sie Interesse an dieser Tätigkeit haben und im Raum Berlin wohnen, rufen Sie uns unter Tel. 2870203 oder 2870371 an oder schreiben Sie an:
VEB Verlag Technik, Redaktion MP, Oranienburger Str. 13/14, Berlin, 1020

Zeitschrift für Mikroelektronik · Computertechnik · Informatik
2. Jahrgang · ISSN 0232–2892

Mikroprozessortechnik, Heft 2 · 88

Herausgeber Kammer der Technik, Fachverband Elektrotechnik

Verlag VEB Verlag Technik, Oranienburger Str. 13/14, DDR – 1020 Berlin; Telegrammadresse: Technikverlag Berlin; Telefon: 2 87 00, Telex: 011 2228 techn dd

Verlagsdirektor Klaus Hieronimus

Redaktion Ingo Paszkowsky, Verantwortlicher Redakteur (Tel.: 2870203); Hans Weiß, Redakteur (Tel.: 2870371); Sekretariat Tel.: 2870381

Gestaltung Christina Kaminski (Tel.: 2870288)

Titelbild Tatjana Stephanowitz

Beirat Dr. Ludwig Claßen, Dr. Heinz Florin, Prof. Dr. sc. Rolf Giesecke, Joachim Hahne, Prof. Dr. sc. Dieter Hammer, Dr. sc. Thomas Horn, Prof. Dr. Albert Jugel, Prof. Dr. Bernd Junghans, Dr. Dietmar Keller, Prof. Dr. sc. Gernot Meyer, Prof. Dr. sc. Bernd-Georg Münzer, Prof. Dr. sc. Peter Neubert, Prof. Dr. sc. Rudolf Arthur Pose, Prof. Dr. sc. Michael Roth (Vorsitzender), Dr. Gerhard Schulze, Prof. Dr. sc. Manfred Seifart, Dr. Dieter Simon, Dr. Rolf Wätzig, Prof. Dr. sc. Jürgen Zaremba

Lizenz-Nr. 1710 des Presseamtes beim Vorsitzenden des Ministerrates der Deutschen Demokratischen Republik

Gesamtherstellung Druckerei Märkische Volksstimme Potsdam

Erfüllungsort und Gerichtsstand Berlin-Mitte. Der Verlag behält sich alle Rechte an den von ihm veröffentlichten Aufsätzen und Abbildungen, auch das der Übersetzung in fremde Sprachen, vor. Auszüge, Referate und Besprechungen sind nur mit voller Quellenangabe zulässig.

Redaktionsschluß: 10. Dezember 1987

AN (EDV) 49837

Erscheinungsweise monatlich 1 Heft

Heftpreis 5,– M, Abonnementspreis vierteljährlich 15,– M; Auslandspreise sind den Zeitschriftenkatalogen des Außenhandelsbetriebes BUCHEXPORT zu entnehmen.

Bezugsmöglichkeiten
DDR: sämtliche Postämter; *SVR Albanien:* Direktorije Quendrore e Perhapjes dhe Propaganditit te Librit Rruga Konference e Pezes, Tirana; *VR Bulgarien:* Direkzia R.E.P., 11a, Rue Paris, Sofia; *VR China:* China National Publications Import and Export Corporation, West Europe Department, P.O. Box 88, Beijing; *ČSSR:* PNS – Ustřední Expedicia a Dovoz Tísku Praha, Slezská 11, 120 00 Praha 2, PNS, Ústredna Expedicia a Dovoz Tlače, Pošta 022, 885 47 Bratislava; *SFR Jugoslawien:* Jugoslovenska Knjiga, Terazija 27, Beograd; Izdavačko Knjižarsko Produzeće MLADOST, Ilica 30, Zagreb; *Koreanische DVR:* CHULPANMUL Korea Publications Export & Import Corporation, Pyongyang; *Republik Kuba:* Empresa de Comercio Exterior de Publicaciones, O'Reilly No. 407, Ciudad Habana; *VR Polen:* C.K.P.i.W. Ruch, Towarowa 28, 00-958 Warszawa; *SR Rumänien:* D.E.P. Bucureşti, Piaţa Scînteii, Bucureşti; *UdSSR:* Sämtliche Abteilungen von Sojuzpečat' oder Postämter und Postkontore; *Ungarische VR:* P.K.H.I., Külföldi Elöfizetési Osztály, P.O. Box 16, 1426 Budapest; *SR Vietnam:* XUNHASABA, 32, Hai Ba Trung, Hà Nội; *BRD und Berlin (West):* ESKABE Kommissions-Grossobuchhandlung, Postfach 36, 8222 Ruhpolding/Obb.; Helios-Literatur-Vertriebs-GmbH, Eichborndamm 141–167, Berlin (West) 52; Kunst und Wissen Erich Bieber OHG, Postfach 46, 7000 Stuttgart 1; Gebrüder Petermann, BUCH + ZEITUNG INTERNATIONAL, Kurfürstenstraße 111, Berlin (West) 30; *Österreich:* Helios-Literatur-Vertriebs-GmbH & Co. KG, Industriestraße B 13, 2345 Brunn am Gebirge; *Schweiz:* Verlagsauslieferung Wissenschaft der Freihofer AG, Weinbergstr. 109, 8033 Zürich; *Alle anderen Länder:* örtlicher Fachbuchhandel; BUCHEXPORT Volkseigener Außenhandelsbetrieb der Deutschen Demokratischen Republik, Postfach 160, DDR – 7010, und Leipzig Book Service, Talstraße 29, DDR – 7010 Leipzig

Seite 35

Neues zu FORTH

Auf die Veröffentlichungen in MP 6/87 zur Programmiersprache FORTH erreichten uns zahlreiche Lesermeinungen mit der Bitte, FORTH doch etwas ausführlicher vorzustellen. Wir hoffen, mit den drei vorliegenden Beiträgen den Wünschen vieler Leser gerecht zu werden.

MP

16-Bit-μP K 1810 WM 86

Bereits angekündigt hatten wir, daß in diesem Heft unter der Rubrik Kurs mit einer Reihe zum Mikroprozessorsystem K 1810 WM 86 (8086) begonnen wird.
In Anbetracht der großen Bedeutung, die dieses Mikroprozessorsystem für den Computereinsatz in der Volkswirtschaft der DDR hat, und um unseren Lesern möglichst schnell umfassende Informationen zu diesem μP-System zu übermitteln, werden die einzelnen Folgen einen Umfang von 8 Druckseiten haben.
Alle anderen Reihen werden – wie bisher üblich – weiterhin mit einem Umfang von 4 Seiten gedruckt.

MP

Seite 62

Inhalt

Softwareleistungen auf Honorarbasis

Mit dem beschleunigten Einsatz von CAD/CAM-Technik und der rasch zunehmenden Zahl von Büro- und Personalcomputern in allen Bereichen der DDR-Volkswirtschaft wächst der Bedarf an Programmen für diese Schlüsseltechnologie stark an. Eine „Anordnung zur Durchsetzung von Ordnung und Sicherheit bei der Durchführung von Softwareleistungen in nebenberuflicher Honorartätigkeit – Honoraranordnung Softwareleistungen" zielt darauf, die Initiativen befähigter Werktätiger auf diesem Gebiet zu fördern und zusätzlich zu bestehenden Kapazitäten weitere Möglichkeiten zur Erarbeitung von Programmen für die Computertechnik zu erschließen.
Die Anordnung regelt einheitlich für alle Kombinate, volkseigenen Betriebe, Staatlichen Organe und Einrichtungen, sozialistischen Genossenschaften sowie gesellschaftlichen Organisationen, in welchen Fällen die Erarbeitung von Software außerhalb der ständigen Aufgaben von Werktätigen vereinbart werden kann. Sie trifft Festlegungen zu Honorarverträgen, insbesondere zur Gewährleistung einer hohen Qualität der Software und zur Höhe der Vergütung, und legt die Pflichten der Betriebe zur Einhaltung von Ordnung und Sicherheit auf diesem Gebiet fest. Dazu gehört auch, die Zentrale Informationsbank Software im VEB Datenverarbeitungszentrum Dresden regelmäßig über abgeschlossene Softwareleistungen zu informieren, um die Programme breit nachnutzen zu können und Doppelentwicklungen zu vermeiden.
Veröffentlicht ist die Anordnung im Gesetzblatt Teil I Nr. 28 vom 16. November 1987. Sie ist seit 1. Dezember 1987 in Kraft.

ADN

Mobilar für Bildschirmarbeitsplätze

Auf der LHM '87 stellte der VEB Elektro- und Metallgeräte Ilmenau seine Bildschirmarbeitsplätze mit Stahlprofilgestell und Arbeitsplatten aus sprelacartbeschichteter Möbelspanplatte vor. Es gibt die Arbeitsplätze in den Abmessungen (in mm) 1600 × 900 × 720 und 1200 × 750 × 720. Die Rollschränke (Rollkorpus) werden auch in zwei Ausführungen hergestellt, nämlich 420 × 790 × 640 mm^3 und 420 × 605 × 640 mm^3.

MP

Fotos: Gründer (2)

Das Kombinat VEB Elektro-Apparate-Werke auf der LFM '88

Wenn am 13. März die Leipziger Frühjahrsmesse 1988 ihre Pforten öffnet, wird ihren Besuchern in der Halle 15 auf dem Gelände der Technischen Messe eine Exponatenschau elektronischer Automatisierungstechnik präsentiert, die Problemlösungen für jeden Wirtschaftszweig zeigt. Seit Jahren ist das Kombinat VEB Elektro-Apparate-Werke größter DDR-Produzent dieser für die Rationalisierung und Automatisierung technologischer Prozesse erforderlichen meßsteuer- und regelungstechnischen Geräte. Das K EAW stellt sich in der Halle 15 wieder mit einem ausgewählten Spektrum seines etwa 50000 Erzeugnistypen umfassenden Produktions- und Leistungsangebotes vor. Bei seiner Präsentation legt das Kombinat Wert auf die Darstellung der Exponate der Haupterzeugnislinien EAW-electronic, EAW-sensoric und EAW-actoric sowie ihr Zusammenwirken in rationellen und effektiven Problemlösungen. Im Vordergrund stehen dabei neue Exponate der EAW-electronic in anschaulich dargestellten, bereits realisierten industriellen Problemlösungen. So wird auf dem Gebiet der Steuerungstechnik das System EAW-electronic S 2000 für Transport- und Lagerprozesse in Aktion zu sehen sein, das sich beispielsweise bereits in einem Hochregalnormteillager des Maschinenbauhandels Berlin bewährt. Die Einsatzmöglichkeiten des kompakten Steuerungs- und Regelungssystems EAW-electronic S 2000 demonstrieren weitere Problemlösungen wie die „Automatisierung einer Fermentierungsanlage" als Einsatzfall in der Biotechnologie oder die Regelung der Plasmabeschichtungsanlage TINA 900-1.1 H aus dem Kombinat Carl Zeiss JENA.
Einen weiteren Schwerpunkt bildet ein multi-user-Arbeitsplatz zur Softwareerarbeitung mit dem Programmier- und Entwicklungssystem EAW-electronic P 8000. Gezeigt wird auch der automatisierte Schiffsmaschinenbetrieb mit Teilkomplexen des Systems EAW-electronic E 8100, das sich bereits mit einer Maschinenüberwachungsanlage, Manöverregistriereinrichtung und dem Hauptmaschinensicherheitssystem an Bord der 20000-Tonnen-Vollcontainerschiffe der DDR-Handelsflotte „Ernst Thälmann" und „Wilhelm Pieck" bewährt.

Ungekapselte Chips auf Platinen

In den USA ist jetzt die Montage ungekapselter IC-Chips auf größeren Substraten, bis hin zu Printplatten kleinerer Abmessungen, Gegenstand von Fachdiskussionen geworden. Ausgangspunkt sind die derzeit populär werdenden „Smart Cards". Das sind in erster Linie Kreditkarten mit eingebauten Speicher- und Prozessor-ICs. Sie befinden sich bekanntlich auch in Europa schon in einer frühen Erprobungsphase. Im Zuge des neuen Trends bei der „COB"-Technik (Chips On Board) werden die Keramiksubstrate soweit vergrößert, daß sie nach gegenwärtigem Stand zwanzig und mehr ungekapselte ICs aufnehmen können. Gegenüber den üblichen gekapselten Bauelementen sollen sich dabei Kostenersparnisse von 80 bis 90 Prozent ergeben können. Ferner kann bei der Verdrahtung die gut beherrschte Dickschicht-Technik verwendet werden.
Noch nicht gelöste Probleme gibt es dadurch, daß das bisherige einfache Einlöten der Kapseln durch IC-Bonding-Technik in großem Maßstab ersetzt werden muß. Die bisher relativ einfache automatische Platinen-Bestückung muß damit durch komplizierte Verfahren ersetzt werden. Eine nachträgliche Reparatur fertig bestückter Boards, die defekte Chips enthalten, ist praktisch ausgeschlossen. Ein weiteres, nur erst halbwegs gelöstes Problem besteht darin, daß die montierten Chips nachträglich auf dem Substrat mit einer kapselähnlichen Schutzhülle aus Epoxid oder Silikon versehen werden müssen. Auch die dafür erforderlichen neuen Verfahren sind bis jetzt nur erst unzureichend entwickelt worden. Schließlich erfordert die Montage der ungekapselten Chips neue Maßnahmen zur Ableitung der Verlustwärme.

aus der Elektronikschau 8/87

FORTH – eine moderne Softwarephilosophie

Thomas Höhenleitner, Berlin

1. Einführung

Mit dieser Veröffentlichung soll ein Eindruck von den Möglichkeiten des Softwarewerkzeuges FORTH vermittelt werden. Die Hinwendung zu neuen leistungsfähigen Programmierumgebungen fällt dem Assemblerprogrammierer nicht immer leicht. Einerseits ist die Vielfalt der angebotenen Werkzeuge recht groß, andererseits ist die Einarbeitungszeit nicht unerheblich und in Anbetracht zwingender Terminstellungen schwer einzuplanen. Dazu kommt eine gewisse Unsicherheit bei der Wahl des weiteren Weges, denn seriöse vergleichende Untersuchungen zu den einzelnen Programmiersprachen sind aufwendig und fehlen im allgemeinen. Wenn beim Leser Interesse und Bereitschaft geweckt werden, FORTH in den Variantenvergleich der Mittel für die Lösung eigener Aufgaben einzubeziehen, ist das Ziel dieser Arbeit erreicht. Die hohe Portabilität von FORTH-Systemen, ihre Modularität und die damit verbundene Effizienz bei der Programmierung, die Kompaktheit und die Leistungsfähigkeit dieser Sprache führen zu einer neuen Qualität in der Softwareentwicklung. Auch der Hardwareentwickler wird sich dieses Werkzeuges zur Bearbeitung seiner Probleme (Testroutinen, Hilfsprogramme, Schnittstellentreiber) bedienen wollen.
FORTH wurde Ender der 60er Jahre in den USA erfunden. Der Schöpfer Charles Moore benötigte eine effizient zu programmierende und schnell laufende Sprache für seine Steuerungsaufgaben. Das Konzept war so überzeugend, daß es seither durch eine Interessengemeinschaft, die **F**orth **I**nterest **G**roup, gefördert, verbreitet und weiterentwickelt wird. Der erste Standardisierungsversuch wurde figFORTH genannt und hat inzwischen viele Anwendungen gefunden. 1979 folgte FORTH79, erfreute sich jedoch nicht so breiter Akzeptanz. Gewachsen aus den Erfahrungen bei der Arbeit mit FORTH, wurde 1983 der Standard FORTH83 definiert, der sich zunehmend verbreitet, da er eine ganze Reihe von Verbesserungen gegenüber figFORTH und auch FORTH79 enthält. Bei den angeführten Beispielen wird bei Bedarf auf die Unterschiede zwischen figFORTH und FORTH83 hingewiesen.

1.1. Die FORTH-Maschine

Die Abarbeitung der FORTH-Instruktionen übernimmt eine Maschine, deren Befehlssatz aus den FORTH-Worten besteht. Dabei ist es für die Funktion ohne Belang, ob die Maschinenregister und ihr Zusammenspiel (innerer Interpreter) direkt in Hardware oder softwaregestützt durch einen Mikroprozessor realisiert sind. Der FORTH-Prozessor ist im wesentlichen eine Stackmaschine, die auf die Abarbeitung des FORTH-Codes abgestimmt ist. Die wichtigsten Register des FORTH-Prozessors seien kurz vorgestellt:

***IP** Instruction **P**ointer*
zeigt in die Wortadreßkette (s. 3.5.1.) des gerade in Abarbeitung befindlichen Wortes.

***W** Wortadreßregister*
hält die gerade aktuelle Wortadresse, das ist der Inhalt der von **IP** indizierten Zelle.

***PC** Programm-Counter*
Befehlszähler

***RP** **R**eturnstack **P**ointer*
zeigt auf TOR (**T**op **o**f **R**eturnstack).
Hier befinden sich Rückkehradressen bzw. Schleifenparameter der rufenden Ebenen.

***DP** **D**atenstack **P**ointer*
zeigt auf TOS (**T**op **o**f **S**tack).
Das ist der Puffer der gerade zu verarbeitenden Daten. Der Parameterstack übernimmt gleichzeitig die Arbeitsregisterfunktion.

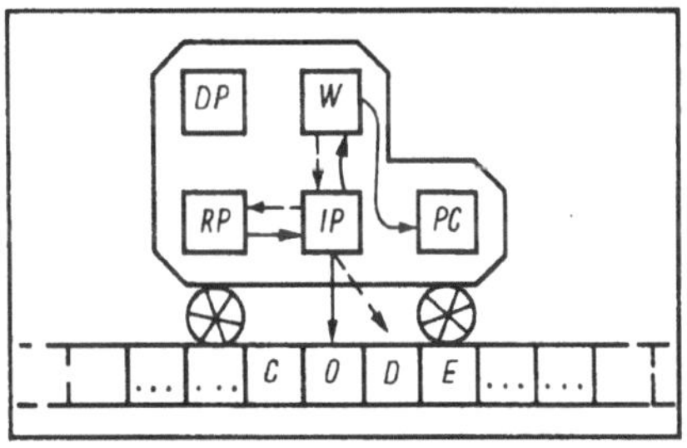

Bild 1 Eine FORTH-Maschine

Die funktionalen Zusammenhänge der Register der FORTH-Maschine (siehe hierzu Bild 1) werden im Abschnitt 3.5.5. skizziert. Ein genaues Verständnis an dieser Stelle ermöglicht dem FORTH-Anwender den Einsatz spezieller Programmiertechniken, mit denen sich u. a. auch besonders zeitkritische Probleme beherrschen lassen.

1.2. FORTH in Hardware

Der Trend zu immer größeren Verarbeitungsbreiten hat technologische und wohl auch programmtechnische Grenzen. Jüngste Entwicklungen auf dem Gebiet der Prozessortechnik zeigen, daß mit intelligenteren Architekturen Rechengeschwindigkeiten erreicht werden, die weit über den Werten üblicher Prozessoren liegen. RISC-Prozessoren (**Re**duced **I**struction **S**et **C**omputing) seien kurz genannt. Eine in /2/ und /3/ beschriebene Hardwarerealisierung eines FORTH-Prozessors in CMOS-Gate-Array-Technik zeigt eine weitere interessante Entwicklungsrichtung. Die 25fache Abarbeitungsgeschwindigkeit (!) dieser FORTH-Maschine gegenüber einem C-Programm auf einem 16-Bit-Prozessor (INTEL 8088), wie sie am Beispiel des Siebs des Erasthotenes (Primzahlermittlung) festgestellt wurde (/2/), gibt eine Vorstellung von der Leistungsfähigkeit einer solcherart strukturierten Hardware, deren Hersteller für die mit 4,5 MHz getaktete CPU 6 MIPS (**M**illionen **I**nstruktionen **p**er **S**ekunde) angibt. Weitere Ausführungen zu Hardware-Realisierungen von FORTH findet man u. a. in /4/.

1.3. FORTH auf einem Hostrechner

FORTH-Systeme wurden für alle gängigen Prozessoren und Rechner implementiert. Der Assemblercode umfaßt i. a. nicht mehr als 2 KByte und ist allgemein zugänglich (z. B./5/, /13/). Etwa 80 % des FORTH-Kernes bestehen aus FORTH-Secondaries, d. h. Worten, die ihrerseits aus FORTH-Worten definiert wurden (vgl. 2.1.1.). Die Anpaßarbeiten an einen beliebigen Rechner, dessen Prozessor dem einer vorhandenen FORTH-Version entspricht, beschränken sich auf die Systemschnittstellen bei einigen wenigen FORTH-Worten. Damit wird klar, wie die hohe Portabilität von FORTH zustande kommt. Oft gibt es für einen Rechner verschiedene Implementierungen, welche sich in ihrem Auf- und Ausbau erheblich unterscheiden können.
Für die Verwendung der prozessorinternen Register gibt es Empfehlungen, die jedoch nicht unbedingt eingehalten werden müssen. Wie gut sich verschiedene Mikroprozessoren als Stackmaschine einsetzen lassen, hängt von der speziellen Registersteuerung ab /1/, /6/, /7/. Hier findet man auch den Schlüssel für Programmlaufzeituntersuchungen, wenn derartige Betrachtungen bei zeitkritischen Applikationen erforderlich werden sollten.

2. Die Programmiersprache FORTH

2.1. Offenes System

FORTH ist erweiterbar – nicht nur im Sinne von zusätzlichen Funktionen schlechthin. Programmieren in FORTH heißt FORTH erweitern, bis letztendlich der Programmname Bestandteil des FORTH-Vokabulars geworden ist. Der unterschiedliche Begriffsinhalt von Worten wie Operand, Befehl, Routine, Konstante, Variable, Feld, Programm, Vokabular verschmilzt zu einer eine neue Denkweise provozierenden Einheitlichkeit. Man kann sich FORTH als ein Baukastensystem vorstellen, aus dessen Elementen beliebige neue Elemente erzeugt werden. Alle Elemente, vorgegebene wie neu erzeugte, sind ständig verfügbar; sowohl für den interaktiven Dialog als auch für die Generierung neuer Elemente. Das erzeugte Programm stellt letztendlich auch nur ein weiteres Element neben beliebigen anderen dar. In dieser Modularität offenbart sich ein entscheidender Vorteil für die Programmentwicklung. Probleme werden in ihre Bestandteile zerlegt und damit besser verstanden. Jedes Element kann für sich analysiert und bearbeitet werden, ist einzeln testbar, wartbar und jederzeit wiederverwendbar. Unterprogrammaufrufe etwa in Form von „Call name" sind unbekannt. Die FORTH-Worte werden wie in einer natürlichen Sprache aneinandergefügt.

2.1.2. Definitionswörter

FORTH bietet verschiedene Definitionswörter, mit deren Hilfe das System jederzeit um neue Befehle bereichert werden kann. Die gebräuchlichste Erweiterungsform ist die Colon-Definition, deren Anwendung bei der Definition eines Hilfswortes .S zur Anzeige der oberen 3 Stackzellen demonstriert werden soll:

: .S 3 0 DO ROT DUP . LOOP ;⟨RET⟩OK

Eingaben werden generell jeweils durch mindestens ein Leerzeichen getrennt. ⟨RET⟩ bedeutet RETURN-Taste drücken. Terminalausgaben sind unterstrichen.

:	eröffnet die Definition
.S	ist ein frei wählbarer Name (dot Stack)

3 0 DO	eröffnet DO ... LOOP Schleife für 3 Durchläufe
ROT	ROTiert die oberen 3 Stackelemente
DUP	DUPliziert das obere Stackelement
.	dot transportiert oberes Stackelement zum Terminal
LOOP	Ende der Schleife
;	Ende der Definition

.S kann sofort getestet werden ...

7 2049 12⟨RET⟩ **OK** (3 Werte auf Stack)
.S⟨RET⟩**7 2049 12 OK**
138 .S⟨RET⟩ **2049 12 138 OK**

... und in alle weiteren Definitionen eingebaut werden. Wird die Stackanzeige in mehreren Zahlenbasen gewünscht, kann man weiter definieren (Einbau des eben kreierten Wortes .S):

: DS BASE @	(aktuelle Zahlenbasis)
⟩R	(Retten)
CR DECIMAL	**."dezimal ".S**
CR HEX	**."hexadezimal ".S**
CR 2 BASE !	**."binaer ".S**
R>	(Restaurieren der)
BASE ! ;	(Zahlenbasis und Ende)

Test des neuen Wortes:

DS⟨RET⟩
dezimal 2049 12 138
hexadezimal 801 C 8A
binaer 100000000001 1100
10001010 **OK**

Es gibt komfortablere Stackdumps, darum geht es hier jedoch nicht. Diesen mit einer Doppelpunktdefinition generierten Worttyp bezeichnet man als Secondary.
Ein weiteres Definitionswort ist z. B. **VARIABLE**. Damit kann man beliebige RAM-Zellen symbolisch unter einem Namen ansprechen.

VARIABLE MINUTEN ⟨RET⟩ **OK**[1]

weist dem neuen FORTH-Wort MINUTEN eine bestimmte Adresse im RAM zu. Der Aufruf 'MINUTEN' stellt diese Adresse auf dem Stack bereit und ermöglicht zusammen mit Worten wie

!	RAM-Schreiben	(wert addr→)
+!	RAM-Addieren	(wert addr→)
@	RAM-Lesen	(addr→wert)
?	RAM-Ausgeben	(addr→)

eine bequeme Handhabung dieser Variablen:

4 MINUTEN !⟨RET⟩ **OK**	(setzt die Zeit)
3 MINUTEN +!⟨RET⟩ **OK**	(erhöht die Zeit)
MINUTEN ?⟨RET⟩ **7 OK**	(zeigt die Zeit)

(Das Wort **?** findet man nicht unbedingt in allen FORTH-Implementierungen, da es nur im figFORTH standardisiert wurde. Man kann es im Bedarfsfall mit **: ? @ . ;** selbst definieren.)
FORTH bietet darüber hinaus die Möglichkeit, eigene Definitionsworte zu erzeugen. Die Verarbeitung sehr spezieller Datentypen ist damit problemlos möglich. Zum Beispiel lassen sich mit der **CREATE ... DOES⟩**-Konstruktion auf einfache Weise Definitionsworte generieren, mit denen man den erzeugten Worten bestimmte Compile- und Laufzeiteigenschaften zuordnen kann. Wie das in etwa funktioniert, soll ein Beispiel verdeutlichen:

[1] Gilt für FORTH83. **VARIABLE** in figFORTH-Versionen erwartet einen Initialisierungswert auf dem Stack, also:
0 VARIABLE MINUTEN⟨RET⟩ **OK**

Bei der Erstellung eines Simulationsprogrammes für elektronische Schaltungen sind u. a. verschiedene Operationsverstärker auf bequeme Art und Weise einzubinden. Der Aufruf der Typbezeichnung soll die Adresse der speziellen Operationsverstärkereigenschaften, z. B. Offsetspannung U_{off} und Leerlaufverstärkung v_{leer}, im vereinbarten Zahlenformat auf dem Stack hinterlegen. Für die bequeme Definition vieler solcher Typen wird das Definitionswort OV-TYP generiert (wie, führt hier zu weit), dessen Anwendung etwa in der Form

0.015 15000. OV-TYP B080
0.0005 25000. OV-TYP B087
0.006 25000. OV-TYP B176

erfolgt. Das Compilezeitverhalten dieses neuen Definitionswortes besteht in der Compilierung der jeweils auf dem Stack bereitgestellten OV-Eigenschaften in das Parameterfeld (s. 3.5.1.) der damit definierten OV-Typbezeichnungen. Sein Laufzeitverhalten bewirkt, daß der Aufruf einer solchen OV-Typbezeichnung die Adresse seines eigenen Parameterfeldes auf dem Stack hinterläßt, also einen Pointer auf die jeweiligen OV-Eigenschaften. Weiter läßt sich ein Definitionswort OPV für die einzelnen OV-Bauelementebezeichnungen der Schaltung mit den folgenden Eigenschaften deklarieren.

Compile-Zeitverhalten:

(Aktivität bei Aufruf des Definitionswortes OPV).
Auf dem Stack wird ein Pointer auf die speziellen Datenblattkennwerte des betreffenden Bauelementetyps erwartet (bereitgestellt durch den Aufruf einer definierten Typbezeichnung) und in das Parameterfeld der zu erzeugenden Worte compiliert. Die einzelnen Operationsverstärker der Schaltung werden also mit den „individuellen Eigenschaften" eines OV-TYPs versehen. Die Anwendung bei der Definition der Bauelementebezeichnungen sieht dann so aus:

B080 OPV 1N1	**B080 OPV 2N1**
B080 OPV 3N1	
B087 OPV N2	**B176 OPV N3**

Laufzeitverhalten:

(Aktivität bei Aufruf eines mittels OPV definierten Wortes).
Der Aufruf der einzelnen definierten Bauelemente könnte dann folgendes bewirken: Alle Spannungspunkte der zu simulierenden Schaltung sind z. B. als Variablen vereinbart. Mit dem Aufruf von beispielsweise N2 werden die die zugehörige Eingangsspannung haltenden Variablen N2U+ und N2U− entsprechend der im Definitionswort OPV vereinbarten Simulationsfunktion verknüpft, und das Ergebnis wird in die zugehörige Ausgangsspannungsvariable N2UA gespeichert. Dieses Laufzeitverhalten ist für alle OV-Bauelementebezeichnungen entsprechend gleich. Der Code existiert nur einmal (im Parameterfeld von OPV).
Das Wesen dieser Programmiertechnik besteht in einer Erweiterung des FORTH-Compilers (s. 3.5.4.) mit der genannten **CREATE ... DOES⟩**-Konstruktion. Die Vorteile liegen in der Vermeidung von redundantem Code und der besseren Programmlesbarkeit. Die Zusammenhänge sind vielleicht nicht sofort erfaßbar. Es geht hierbei auch nur um die An-

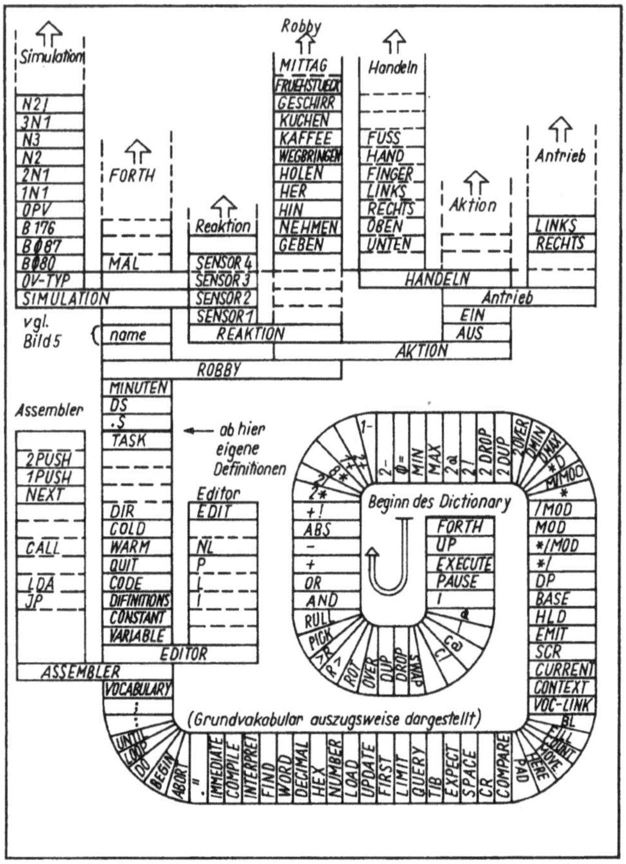

Bild 2 Baumstruktur eines FORTH-Dictionary

deutung der Vielfältigkeit der Möglichkeiten, die sich dem Programmierer bei der Softwaregestaltung mit FORTH bieten.

2.1.2. Vokabulare

Die gesamte Wortmenge eines FORTH-Systems, das Dictionary, ist in einzelne Vokabulare unterteilt und baumähnlich strukturiert (Bild 2). Ein Vokabular kann man sich als einen Zweig vorstellen. Jederzeit kann mit **VOCABULARY vocname IMMEDIATE** (s. 3.5.4.) ein weiteres, vorerst leeres Vokabular an der gerade in Erweiterung befindlichen Stelle vereinbart werden. Die Verwendung unterschiedlicher Vokabulare ermöglicht eine übersichtliche Befehlsstruktur sowie kollisionsfreie mehrfache Vergabe des gleichen Namens. Das wird z. B. schon dann interessant, wenn bei unterschiedlichen Zahlenformaten die gleichen Symbole für die entsprechenden Operatoren Verwendung finden sollen. An welcher Stelle mit der nächsten Definition zu erweitern ist, entnimmt das System der Variablen **CURRENT**, die mit der Anweisung **vocname DEFINITIONS** auf das gewünschte Vokabular gesetzt wird. Wörterbuchsuchläufe beginnen immer an der mit der Variablen **CONTEXT** spezifizierten Stelle. Diese Variable zeigt auf das zuletzt aufgerufene Vokabular.
Ein Beispiel soll die Arbeitsweise mit Vokabularen zeigen:
Einem Roboter soll der Begriff HOLEN beigebracht werden. Die Vokabulare AKTION, ANTRIEB, REAKTION gelten als vereinbart. Die Konstanten RECHTS und LINKS stellen die I/O-Adressen zur Ansteuerung zweier Motoren. EIN sendet an die auf dem Stack vorgefundene I/O-Adresse eine 1 und AUS erledigt analog das Gegenteil (hier ist u. U. bereits Maschinencode). Die Worte SENSOR1 und SENSOR2 erzeugen ein Flag auf dem Stack, welches von **UNTIL** verwertet wird. War es 0, so noch einmal **BEGIN**nen, bis die erwartete 1 kommt und die Schleife verlassen wird. Mit zwei einfachen Doppelpunktdefinitionen lassen wir nun unseren hypothetischen Roboter HIN und HER fahren.

: HIN AKTION ANTRIEB RECHTS EIN
BEGIN REAKTION SENSOR1 UNTIL
AKTION ANTRIEB RECHTS AUS ;
: HER AKTION ANTRIEB LINKS EIN
BEGIN REAKTION SENSOR2 UNTIL
AKTION ANTRIEB LINKS AUS ;

Analog hat „Robby" noch NEHMEN (d. h., er nimmt ein Teil, dessen Kennzahl er auf dem Stack erwartet) und GEBEN (er läßt alles fallen) gelernt. Mit der folgenden Zeile kann er dann alles HOLEN, was ihm irgend erreichbar ist und natürlich wieder WEGBRINGEN:

: HOLEN HIN NEHMEN HER GEBEN ;
: WEGBRINGEN HER NEHMEN HIN GEBEN ;

Mit dem Definitionswort **CONSTANT** deklariert man Kennzahlen, unter denen man z. B. Schubfachnummern vereinbaren kann:

7 CONSTANT KAFFEE
12 CONSTANT KUCHEN
3 CONSTANT GESCHIRR

Noch eine kleine Definition, und es kann FRUEHSTUECK geben:

Bild 3 Robby (Zeichnung: Jörg Olberg)

: FRUEHSTUECK KAFFEE HOLEN KUCHEN HOLEN ." Bitte zu Tisch!" ;
FRUEHSTUECK ⟨RET⟩ (Kaffee und Kuchen kommen) **Bitte zu Tisch! OK**
GESCHIRR WEGBRINGEN⟨RET⟩ (klirr) **OK**

Vergleiche hierzu die Bilder 2 und 3. Natürlich ist in so einem einfachen Fall der Einsatz so vieler Vokabulare nicht gerechtfertigt. Man denke jedoch auch an sehr umfangreiche Applikationen, wo die Möglichkeit, Namen mehrfach vergeben zu können, unschätzbare Vorteile bringen kann.

2.1.3. Assemblerprogrammierung

FORTH-Systeme enthalten i. a. einen Assembler, der die direkte Verwendung der prozessorspezifischen Mnemonik bei der Definition von Primitives ermöglicht. Primitives sind FORTH-Worte, die keine weiteren FORTH-Worte mehr aufrufen, sondern direkt Maschinencode zur Ausführung bringen. Der Assembler ist in einem Vokabular mit dem Namen **ASSEMBLER** untergebracht. Er enthält zusätzlich Strukturierungselemente wie die **IF... ELSE... THEN**[2] oder **BEGIN... WHILE... UNTIL**-Konstruktionen. Die Definition eines Primitives erfolgt mit der Anweisung **CODE name... (Mnemonics)... END-CODE.** Assemblercode kann auch zusammen mit FORTH-Worten innerhalb einer Definition generiert werden. Man formuliert: **: name... (FORTH-Worte)... ;CODE... (Mnemonics)... END-CODE.** Es lassen sich auch umfangreiche bereits vorhandene Assemblerprogramme unter einem beliebigen Namen in das System einbinden, wenn man diese in den Speicher lädt und mit einem CALL die Kontrolle an das jeweilige Programm übergibt. Die Rückkehr aus der Primitive-Ebene in das FORTH-System erfolgt mit dem Sprung nach **NEXT**, womit die Kontrolle wieder an den inneren Interpreter (3.5.5.) übergeben wird.

2.2. Datenhandling

2.2.1. Parameterübergabe

Bei Softwareprojekten ist u. a. die Frage der Parameterübergabe zwischen den einzelnen Modulen zu klären. Jede Routine muß wissen, wo die Quelldaten liegen und auf welche Art und Weise die Ergebnisparameter übergeben werden. Hierfür können Variablen oder Register vereinbart werden. Im Multitaskbetrieb sowie bei Interruptanforderung ist Zwischenspeicherung erforderlich. Daten und Adressen liegen völlig durcheinander auf einem Stack und ergeben recht unübersichtliche Systemzustände, was u. a. die Fehlersuche nicht gerade erleichtert. FORTH begegnet diesem Problem wirkungsvoll durch die Verwendung von 2 Stacks. Die getrennte Ablage von Rückkehradressen auf einem Returnstack und Daten auf einem Parameterstack (auch Datenstack oder einfach nur Stack genannt) machen das System überschaubarer. Die generelle Vereinbarung des Datenstacks als Übergabemedium ermöglicht einfachen, unsichtbaren Parametertransfer und entlastet den Programmierer von der Deklaration der Art und Weise der Datenübergabe zwischen den einzelnen Modulen. Das FORTH-Grundvokabular ist so angelegt, daß die jeweils bereitgestellten Parameter von den aufgerufenen Worten vernichtet und Ergebnisparameter für nachfolgende Worte in verarbeitungsgerechter Reihenfolge bereitgestellt werden. So nimmt z. B. das Wort **C@** (Byte-Lesebefehl) eine Adresse von der obersten Stackzeile und hinterläßt stattdessen dort im Low-Byte den gelesenen Wert (High-Byte = 0). Der Returnstack ist für die internen Rücksprungadressen und Schleifenparameter reserviert und braucht i. allg. nicht beachtet zu werden. Dieser Stack kann, unter Berücksichtigung der Strukturierungsanweisungen (**IF THEN, DO LOOP**,...), innerhalb eines Wortes als Zwischenspeicher Verwendung finden, aber auch zum Überspringen von Verarbeitungsebenen gezielt manipuliert werden. Man verwendet dazu die Worte
⟩R (Top of Stack → **R**eturnstack)
R⟩ (**R**eturnstack → Top of Stack)

2.2.2. Massenspeicher

FORTH-Dialogsysteme sind i. a. floppyorientiert. Die Massenspeicheranbindung erfolgt nach dem Prinzip des virtuellen Speichers und wird in den verschiedenen FORTH-Systemen unterschiedlich gehandhabt. figFORTH und ähnliche Systeme kennen i. allg. kein Dateihandling und teilen die Disketten in gleichgroße Blöcke entsprechend dem vereinbarten Diskettenformat auf. Der Zugriff auf die Daten ohne Verwendung einer Directory direkt über Spur- und Sektornummer ermöglicht einfache Disktreiberroutinen und extrem kurze Zugriffszeiten. Andere Implementierungen sind an ein Betriebssystem gebunden und arbeiten mit Dateien (z. B. /12/). Speicherbereiche lassen sich so einfacher zwischen unterschiedlichen Systemen transferieren, die Übersicht über den Disketteninhalt ist besser, und es brauchen keine besonderen Disketten eingerichtet zu werden. Innerhalb der gerade vereinbarten Datei verhält sich das System genauso wie eine Implementierung mit Massenspeicheranbindung ohne Dateistrukturierung. Betriebssystemspezifische Befehle lassen sich über einen System-Call problemlos als FORTH-Worte einbinden, so daß z. B. bei Diskettenwechsel aus FORTH heraus mit DIR die Directory gelistet werden kann.

---

[2] Oft ist anstelle von **THEN** (FORTH83) die Bezeichnung **ENDIF** anzutreffen (figFORTH).
[3] Kleinste Stackeinheit, umfaßt 2 Byte

```
B:ROOT.SCR  Screen 26
  Ø ( ASCII-DUMP  .ASCII  .ADR                           hoe 2Ø.Ø7.87 )
  1 : .ADR   BASE @ >R HEX Ø 4 D.R R> BASE ! ;  ( gibt Adresse aus)
  2
  3 : .ASCII                  ( adr --> ) ( gibt ASCII oder SPACE aus)
  4     C@ DUP 32 < OVER 127 > OR
  5     IF DROP 32 ENDIF EMIT ;
  6
  7 : ASCII-DUMP  ( start laenge --> ) ( gibt ASCII oder SPACE aus)
  8         BASE @ >R HEX OVER + OVER          ( start ende start --)
  9     DO  I OVER -  64 MOD Ø=               ( 64 Zeichen pro Zeile)
 1Ø         IF    CR 8 SPACES                          ( neue Zeile)
 11               I .ADR  SPACE                 ( Adresse ausgeben)
 12         ENDIF
 13         I .ASCII                        ( Drucke ASCII oder SPACE)
 14     LOOP
 15         DROP R> BASE ! ;                         ;S

 ok
```

Bild 4 Screenbeispiel

2.2.3. Screens

Ein Screen ist ein 1 KByte großer Speicherbereich und dient der Aufnahme von Quelltext oder Daten. Im RAM des Systems ist ein Bereich vereinbart (Block-Buffer-Area), der einen oder mehrere Screens aufnehmen kann. Die Screens werden vom Massenspeicher (i. allg. Diskette) geladen und dort z. B. mit einem Editor manipuliert oder entsprechend anderen Anweisungen verarbeitet. Der Anwender braucht sich um die Verwaltung der Buffer-Area nicht zu kümmern. FORTH kennzeichnet mit **UPDATE** einen Screenpuffer bei Veränderung desselben, wodurch der Screen automatisch zurückgeschrieben wird, wenn der Puffer für einen anderen Screen benötigt wird. Die Größe der Block-Buffer-Area kann aus den Variablen **FIRST** (Beginn) und **LIMIT** (Ende) errechnet werden. Ein Screen ist i. allg. in 16 Zeilen zu 64 Zeichen unterteilt. Zeile 0 sollte als Kommentarzeile reserviert werden. Mit z. B. **15 45 INDEX'** (listet die Zeilen 0 der Screens 15 bis 45 auf) ist dann eine schnelle Inhaltsübersicht über den ausgewählten Bereich möglich.

2.2.4. Editieren des Quelltextes

Üblicherweise wird der FORTH-Quelltext in Screens (Bild 4) notiert. Das geschieht unter Verwendung eines Screen-Editors, i. allg. selbst in FORTH geschrieben. Einen Line-Editor (zeilenweises Editieren) bietet fast jedes System; Full-Screen-Editoren (Bildschirm-Editoren) ermöglichen wesentlich komfortableres Arbeiten, sind aber nicht immer problemlos auf anderen Rechnern lauffähig. Die Anpassung bereitet jedoch aufgrund der Modularität von FORTH keine Schwierigkeiten. Die Verwendung von Screens zur Aufnahme von Quelltext entspricht der FORTH-Philosophie des modularen Aufbaus aller Bestandteile (also auch des Quelltextes), findet jedoch nicht uneingeschränkte Zustimmung. Prinzipiell ist es dem System egal, aus welcher Quelle (Tastatur, Diskette, serieller Datenkanal) der Text-Eingabe-Strom kommt. Einzig die FORTH-Konventionen (Spaces zwischen den Worten, keine unbekannten Zeichenfolgen, also Steuerzeichen) müssen eingehalten sein. Der Programmierer kann seinen hauseigenen Lieblingseditor weiterverwenden und muß lediglich seinen Quelltext im nachhinein entsprechend aufbereiten. In /8/ wird das am Beispiel eines allgemein bekannten Textverarbeitungsprogramms demonstriert, indem ein Softwarefilter für die entsprechenden Steuerzeichen installiert wird.

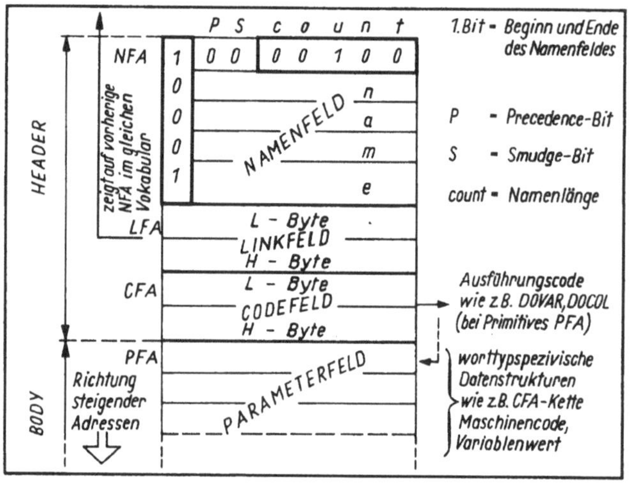

Bild 5 Lexikoneintrag

2.2.5. Transient Program Area und vorcompilierter FORTH-Code

Bei der Arbeit mit FORTH werden bestimmte Programmteile immer wieder benötigt. So z. B. ein Editor für die Editierphase und ein Debugger für die Testphase. Diese Tools werden in fertigen Applikationen i. allg. nicht mehr benötigt. Hat man sie vor der Compilierung des erstellten Programms geladen, geht mit z. B. **FORGET ASSEMBLER** auch das Arbeitsergebnis über Bord. Die im Arbeitsergebnis enthaltenen Primitive-Definitionen lassen sich aber nur mit einem bereits geladenen Assembler compilieren... Bei kleineren Rechnerkonfigurationen kann auch der verfügbare Speicherbereich schnell ausgeschöpft sein. Will man dann z. B. Editor und Debugger abwechselnd laden, entsteht aufgrund der wiederholten Compilierung immer wieder Wartezeit, und vorbei ist es mit dem kurzen Wechsel zwischen Codierung und Test. Man kann also schnell in die mißliche Lage kommen, mehr Zeit und Aufmerksamkeit in die Verwaltung des eigenen Systems zu investieren als für die eigentliche Aufgabe. Um dem Programmierer an dieser Stelle das Leben zu erleichtern, bieten verschiedene FORTH-Systeme (z. B. /12/) eine sogenannte Transient Program Area (TPA) für unabhängig vom Wörterbuchausbau ladbare Vokabulare. Aufgrund der fest vereinbarten Anfangsadresse der TPA ist auch das Laden von vorcompiliertem FORTH-Code möglich und so ein spürbarer Zeitgewinn erreichbar.

2.3. Arithmetik

2.3.1. Notation

In-fix-Anweisungen (d. h. Operator zwischen den Operanden), wie z. B. in BASIC, müssen vom jeweiligen System vor Funktionsausführung intern in eine post-fix-Form (Operator nach den Operanden) umgesetzt werden. Aufgrund der Datenübergabe über einen Stack (2.2.1.) und der streng sequentiellen Textauswertung des Textinterpreters **INTERPRET** werden in FORTH arithmetische Operationen post-fix notiert. Diese Schreibweise ist unüblich und bedarf einiger Gewöhnung. Oft wird diese auch als UPN (umgekehrte polnische Notation) bekannte Schreibweise als Hauptargument bei einer ablehnenden Haltung gegenüber FORTH gebraucht.

Wenn man die Philosophie dieser Sprache richtig verstanden hat, erkennt man in logischer Konsequenz die Notwendigkeit der post-fix-Notation. Soll auf die in-fix-Schreibweise partout nicht verzichtet werden, ist eine Erweiterung des Textinterpreters **INTERPRET** erforderlich – eine aufgrund der Zugänglichkeit von FORTH lösbare Aufgabe. Allerdings erhöht man damit den Overhead des Systems beträchtlich. Eine andere Möglichkeit zeigt dieses kleine Beispiel:

4 3 ∗ .⟨RET⟩ **12 OK** (post-fix-MAL)
: MAL 32 WORD NUMBER DROP ∗ ;⟨RET⟩ **OK**[4]
4 MAL 3 . ⟨RET⟩ **12 OK** (in-fix-MAL)

Dieses MAL ist jedoch innerhalb einer Colon-Definition nicht anwendbar und sollte mit **FORGET MAL** wieder „vergessen" werden.

2.3.2. Integerarithmetik

FORTH zielt nicht explizit auf die Offline-Verarbeitung numerischer Datenmengen, obwohl es prinzipiell auch dafür einsetzbar ist. Von Hause aus ist eine 2- und 4-Byte-Arithmetik verfügbar, die eine hohe Rechengeschwindigkeit bietet und einen Zahlenbereich von 65536 (2 Byte) bzw. über 4 Milliarden (4 Byte) überstreicht. Für sein Steuerungsproblem wünscht man sich meist kurze Reaktionszeiten. Ist z. B. für eine schnelle Pegelanpassung ein Meßwert innerhalb kürzester

---

[4] Diese Definition bezieht sich auf FORTH83. Auf figFORTH-Systemen gilt aufgrund der etwas anderen Definition von **WORD** folgende Sequenz:
: MAL 32 WORD HERE NUMBER DROP ∗ ;

Tafel 1 Scalierungsquotienten

Konstante	Approximation	Fehler
$\pi = 3{,}14159\ldots$	355/113	$< 10^{-7}$
	22/7	$< 10^{-3}$
$\sqrt{2} = 1{,}41421\ldots$	19601/13860	$< 10^{-8}$
	99/70	$< 10^{-4}$
$\sqrt{3} = 1{,}73205\ldots$	18817/10864	$< 10^{-8}$
	97/56	$< 10^{-4}$
$\sqrt{10} = 3{,}16227\ldots$	22936/7253	$< 10^{-8}$
	117/37	$< 10^{-4}$

Zeit zu logarithmieren, wäre das Auslesen einer vorberechneten Tabelle (und evtl. Interpolation) eine einfache und akzeptable Möglichkeit. In /15/ ist das anhand der Sinusfunktion gezeigt.
Der 2-Byte-Zahlenbereich ist für die Verarbeitung von Meßwerten z. B. aus einem Analog-Digital-Umsetzer ideal geeignet. Soll nun der Meßwert oder irgendein anderer Parameter mit einem beliebigen Faktor multipliziert werden (Skalierung), findet sich mit Sicherheit ein Quotient, der dem gewünschten Skalierungsfaktor bis auf einen sehr kleinen Fehler nahekommt. Tafel 1 gibt einige solche Quotienten für gängige Konstanten wieder. Weitere Werte sind z. B. in /1/, /8/ und /9/ zu finden. Mit Hilfe von */ wird aus dem Zähler und dem Stackwert ein doppelt genaues Zwischenprodukt berechnet und die Division durch den Nenner zu einer wieder einfachgenauen Zahl ausgeführt. Wie genau diese Rechnung wird, sollte man einmal mit Hilfe eines Taschenrechners nachvollziehen.

2.4. Erweiterungen

Nichtsdestotrotz wird so mancher potentielle Anwender sagen: Ich habe genügend Rechenzeit, aber keine Zeit, mir über die Realisierung von arithmetischen Funktionen und die Überschreitung von Zahlenbereichen Gedanken zu machen. Nun, es läßt sich immer ein geeignetes Gleitkommapaket finden (siehe z. B. /10/), falls es nicht ohnehin schon vorhanden ist; entweder als FORTH-Erweiterung oder, wie in /11/ demonstriert, als Einbindung einer vorhandenen Gleitkommaarithmetik. Welches Format man einsetzen wird, ergibt sich aus den Erfordernissen und vorhandenen Möglichkeiten. Für hochgenaue Berechnungen findet man z. B. in der von der WPU Rostock angebotenen comFORTH-Version /7/, /12/ eine überlange Integerarithmetik, deren bis zu 22 Byte langes Format keine Wünsche offenlassen dürfte. Wer mit komplexen Zahlen rechnet oder mit Strings hantiert, findet ebenfalls solche speziellen Systemergänzungen. Die Erweiterungsmöglichkeiten von FORTH sind bereits jetzt recht vielfältig und werden mit der weiteren Verbreitung dieser Softwarephilosophie noch bereichert werden. Dabei sind Bestrebungen zur Standardisierung zu beobachten /16/. Bevor der Anwender sich der Mühe unterzieht, selbst Standardfunktionen zu programmieren, sollte er die verfügbare Software kennen, um unnötigen Aufwand zu vermeiden.

3. Das FORTH-System

3.1. Kompaktheit

Das System ist äußerst kompakt. Schon in 2 KByte sind Grundstrukturen realisierbar. 8 KByte reichen für ein dialogfähiges System einschließlich Editor und Assembler, und in 16 bis 32 KByte lassen sich bereits übliche Applikationen unterbringen. Die Compilierung einzelner Module in ein neues Wort benötigt nur jeweils 2 Byte Speicherplatz in dessen Parameterfeld (s. 3.5.1.). Für turn-key-Systeme[5] und Applikationen für Zielsysteme ohne Dialogfähigkeit kann man bei Bedarf alle dann überflüssigen Konstruktionen wie Wortheader (vgl. 3.5.1.) und nicht (mehr) benötigte Definitionen entfernen und eine kaum noch zu überbietende Speicherausnutzung erreichen (vgl. z. B. /14/).

Dipl.-Ing. Thomas Höhenleitner beendete 1983 sein Studium an der Humboldt-Universität zu Berlin in der Fachrichtung Elektronik-Technologie mit der Entwicklung eines digitalen Reglers für einen Kristallzüchtungsofen. Sein bisheriges Tätigkeitsfeld umfaßt Steuerelektronik von Elektrofahrzeugen und prozeßnahe Automatisierungstechnik. Seit 1988 im Zentralinstitut für Kybernetik und Informationsprozesse der AdW tätig, liegt sein neues Aufgabengebiet im Bereich der Algorithmenentwicklung und Softwareerstellung für Systeme des maschinellen Sehens.

3.2. Geschwindigkeit

Die Abarbeitung des compilierten FORTH-Code durch die emulierte FORTH-Maschine benötigt nur etwa die vierfache Zeit /8/ gegenüber einem optimierten Assemblerprogramm. Dieser Wert variiert je nach eingesetztem Prozessortyp /1/, /6/, /7/ und gegebener Problemstellung. Die Anwendung der post-fix-Notation (vgl. 2.3.1.), das Konzept des gefädelten FORTH-Codes und die Arbeitsweise des inneren Interpreters halten den Overhead bei der Programmabarbeitung gering. Dazu kommen aufgrund der Maschinennähe und des modularen Aufbaus weitere Möglichkeiten. Angenommen, in einer Applikation werden 90% der Programmlaufzeit von 5% des Codes in Anspruch genommen (z. B. eine Such-, Sortier- oder Konvertierungsprozedur) und man möchte die Abarbeitungsgeschwindigkeit erhöhen, dann kann man, ohne die restlichen 95% des Codes irgendwie modifizieren zu müssen, diese bisher als Secondary definierte Prozedur in Assembler neu codieren und als Primitive (s. 2.1.3.) in die Applikation einbinden. Die Gesamtlaufzeit des Programms erreicht dann fast die Werte, die optimierter Maschinencode bietet.

3.3. Multitasking

Für Echtzeitprobleme, aber auch bei der Offline-Verarbeitung von Daten, ist Multitaskingfähigkeit oft unverzichtbar. FORTH bietet auch das. Alle taskspezifischen Pointer sind als **USER-VARIABLE** angelegt, also über einen Offset, der in einer Variablen gehalten wird, erreichbar. Das Umschalten zwischen den einzelnen Tasks erfolgt einfach durch Verändern dieses Offsets. Zwei Verfahren sollen kurz genannt werden. Das einfachere, z. B. in der public domain Version F83 /8/ installierte, besteht darin, daß jede einzelne Task möglichst oft einen Befehl **PAUSE** enthält, der ein Weiterschalten zur nächsten Task ermöglicht. Zu diesem Zweck enthalten in F83 verschiedene, oft auftretende Anweisungen bereits dieses Wort (z. B. die Zeichen **EMIT**tierende Prozedur). Dieses unter der Bezeichnung **robin round** bekannte Prinzip /8/ ist für die meisten Anwendungsfälle völlig ausreichend. Für zeitkritische Applikationen kann man einen sogenannten Scheduler installieren, der die Tasksteuerung entsprechend einem Zeitplan und vorgegebene Prioritäten erledigt (Timesharing). Ein für den Softwareentwickler relevantes Multitask-Anwendungsbeispiel könnte beim Debugging die Anzeige aller wichtigen Systemzustände auf einem Zweitmonitor sein.

3.4. Interruptbehandlung

Wird vom Prozessor ein Interrupt akzeptiert, so kann nach dem Retten der notwendigen Register die Serviceroutine in Maschinencode ablaufen und nach der Rekonstruktion des ursprünglichen Prozessorstatus wieder an das FORTH-System übergeben werden. Soweit der einfache Fall. Interessant wird nun die Möglichkeit, Interruptserviceroutinen in FORTH zu programmieren. Nach dem bisher Gesagten kann man die Fragestellung darauf reduzieren, wie man von der Maschinenebene aus FORTH-Worte aufrufen und wieder in die Maschinenebene zurückkehren kann (um die Interruptserviceroutine mit der Registerrestaurierung und dem prozessorspezifischen Abschlußbefehl zu beenden.). FORTH ist auch in diesem Punkt offen: Das eine Doppelpunktdefinition beendende Wort ; (IMMEDIATE-Wort, s. 3.5.4.) compiliert eine Routine zum Abschluß der durch das später aktivierte Wort hervorgerufenen Prozesse (NEXT). Um ein aus der Maschinenebene heraus aufrufbares Wort zu kreieren (welches wieder dorthin zurückkehrt), kann genau hier angesetzt werden. Es ist lediglich der Sprungbefehl nach NEXT durch ein RETURN zu ersetzen. In /8/ wird dabei der unkomplizierte Weg über die Definition eines speziellen Abschlußbefehles **;RET**, der anstelle von ; eine Definition beschließt, beschritten. Mit einem Blick in das (oft nicht vorhandene) Listing oder mit Hilfe eines Discompilers erfährt man den Aufbau von ; und kann diese wenigen Zeilen (jetzt mit RETURN anstelle von NEXT!) neu codieren. Solche Worte sollten nie von FORTH aus direkt aufgerufen werden, wenn man sein System am Leben erhalten will. Der eigentliche Aufruf in der Maschinenebene kann nach Bereitstellung der Codefeldadresse (CFA, s. 3.5.1. u. 3.5.5.) über einen CALL in das Wort **EXECUTE** hinein realisiert werden. Die hier dargestellte Möglichkeit ist nicht die einzige. Weiteres ist u. a. in /1/ zu finden.

3.5. FORTH von innen

3.5.1. Struktur eines Lexikoneintrages

Bild 5 zeigt den prinzipiellen Aufbau eines figFORTH-Wortes. Die *Namenfeldadresse* (NFA) zeigt auf den Beginn des Namenfeldes, dessen erstes Byte neben der Längenangabe (count) zwei Kennungsbits enthält. Das *SMUDGE-Bit* S ist im allgemeinen 0. Noch nicht fertig definierte Wortstrukturen enthalten S=1 und sind damit vom System nicht aufrufbar. Das *Precedence-Bit* P ist bei allen IMMEDIATE-Worten (s. 3.5.4.) gesetzt. Alle FORTH-Worte eines Vokabulars sind über die jeweilige *Linkfeldadresse* (LFA) miteinander verkettet, was für die Suchläufe des Textinterpreters erforderlich ist. Sie hält einen Pointer auf die NFA des jeweils im gleichen Vokabular zuvor definierten Wortes. Die *Codefeldadresse* (CFA), auch mit Wortadresse bezeichnet, enthält die Startadresse einer worttypspezifischen Maschinenroutine. Gelangt ein FORTH-Wort zur Ausführung, übergibt der innere Interpreter (s. 3.5.5.) die Kontrolle an diesen Maschinencode. Beispielsweise transportiert DOCON, der Aus-

---

[5] Das fertige Programm wird als lauffähiger Code unter dem gewünschten Namen abgespeichert und läßt den Anwender von FORTH nichts mehr spüren.

führungscode des Worttyps Konstante, den Inhalt der *Parameterfeldadresse* (PFA) auf den Datenstack. Einige weitere symbolische CFA-Inhalte sind:

DOVAR: (DO VARiable) bringt die PFA auf den Stack (Worttyp Variable).

DOUSER: (DO USER-variable) bringt Summe von Inhalt der PFA und Inhalt von UP (User-Area-Pointer) zum Stack (Wortyp User-Variable).

DOCOL: (DO COLon) bringt den inneren Interpreter zur nächsttieferen Verarbeitungsebene. Dann Abarbeitung der Folge von CFAs im Parameterfeld (Worttyp Secondary).

PFA: Maschinencode befindet sich im Parameterfeld (Worttyp Primitive).

Prinzipiell kann der Maschinencode an beliebiger Stelle im RAM liegen. Er muß lediglich mit einem Sprung nach NEXT, dem Eintrittspunkt des inneren Interpreters, enden. Das Parameterfeld beginnt an der PFA. Hier ist der eigentliche Wortinhalt verborgen: Daten beliebiger Struktur, direkt ausführbarer Maschinencode oder eine CFA-Folge. Zum Beispiel:

Konstante:	Der Wert selbst.
Variable:	Der Wert selbst. (Beachte unterschiedliches Laufzeitverhalten!)
User-Variable:	Offset zum UP
Secondary:	CFA-Kette der definierten Wortfolge.
Primitive:	Maschinencode.

Der in Bild 5 gezeigte Wortaufbau ist nicht für alle FORTH-Versionen identisch. Bei F83 /8/ befindet sich die LFA vor der NFA, wodurch z. B. schnellere Dictionarysuchläufe möglich werden. Vor der LFA ist ein weiterer Zeiger VFA (*View Field-Address*) angeordnet, der auf den Quellscreen verweist, aus dem das betreffende Wort compiliert wurde. Mit **VIEW name** erreicht man den zugehörigen Quelltext. In der in /14/ beschriebenen Lösung liegt stattdessen zwischen LFA und CFA ein Pointer auf das betreffende Parameterfeld. Damit ist es möglich, eventuellen Assemblerhilfscode direkt im Codefeld unterzubringen, da dieses jetzt mehr als 2 Byte umfassen darf.

3.5.2. Memory Map

Bild 6 zeigt eine typische Memory Map. Diese Aufteilung ist stark implementations- und rechnerabhängig. Es soll lediglich eine Vorstellung vom inneren Aufbau vermittelt werden. Interessiert die Speicheraufteilung einer vorliegenden Implementation, kann man sich die Werte der einzelnen Zeiger vom System erfragen. Zum Beispiel:

RPO ?⟨RET⟩ **<u>3F74 OK</u>**

RPO ist eine User-Variable, welche den Kaltstartwert für den Returnstack-Pointer **RP** hält.

3.5.3. Zum Beispiel der äußere Interpreter

FORTH ist nicht nur offen nach außen, sondern auch nach innen. Es gibt keine Blackbox für den Programmierer, wie das bei anderen Programmiersprachen der Fall ist. Man kann sich überall umsehen und bei Bedarf auf einfache Art und Weise Modifikationen vornehmen. Zum Beispiel der äußere Interpreter: Nach der Systeminitialisierungsphase (Worte **COLD**, **WARM** und **ABORT**) befindet FORTH sich in einer Endlosschleife, dem äußeren Interpreter **QUIT**. Beide Stacks sind leer, und das System erwartet Zeichen (meist) von der Tastatur (**QUERY**). Sobald welche eintreffen, werden sie in den **TIB** (**T**erminal-**I**nput-**B**uffer) transportiert. Mit dem Erkennen eines ⟨RET⟩ (LFCR-Sequenz OAH ODH) wird die im **TIB** aufgebaute Stringfolge **INTERPRET**iert (Aufruf des Textinterpreters **INTERPRET**) und danach wieder mit **QUERY** auf Text gelauert (dies ist eine etwas vereinfachte Darstellung). Analog kann man die Arbeitsweise von **INTERPRET** verfolgen, wo man dann u. a. auf **EXECUTE** stößt und so zum inneren Interpreter gelangt. In gleicher Weise läßt sich das System bezüglich seiner Massenspeicheranbindung und aller anderen Komponenten beleuchten.

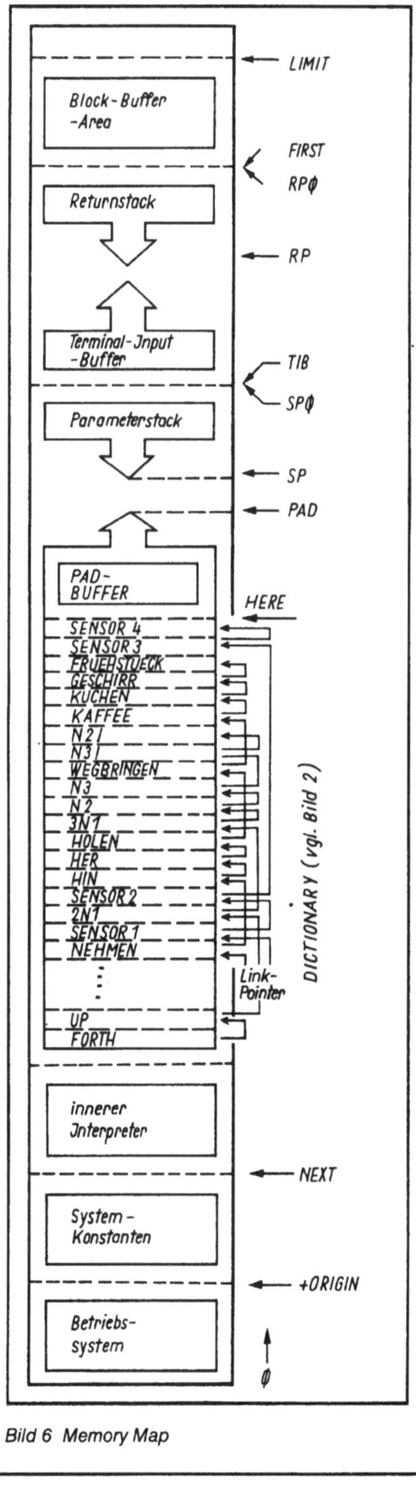

Bild 6 Memory Map

3.5.4. Der FORTH-Compiler

Der FORTH-Compiler wird durch verschiedene Compilerworte repräsentiert, welche als integrale Systemfunktionen im Zusammenwirken mit dem FORTH-Gesamtsystem die Quelltextcompilation vornehmen. Beispielsweise:

CREATE name
Ein Wortheader (vgl. Bild 5) wird im Dictionary aufgebaut.

, (n--)
Ein 2-Byte-Wort wird vom Stack in das Dictionary compiliert.

C, (n--)
Ein 1-Byte-Wort wird vom Stack in das Dictionary compiliert (High-Byte von n wird ignoriert).

ALLOT (n--)
Reserviert n Zellen im RAM an aktueller Erweiterungsposition im Dictionary.

IMMEDIATE
Das Precedence-Bit in der letzten Definition wird gesetzt (vgl. 3.5.1.).

Das FORTH-System unterscheidet anhand der User-Variablen **STATE**, ob es sich im compilierenden oder executierenden Mode befindet. Der Wechsel zwischen beiden Modi erfolgt mittels **]** (schaltet den Compile-Modus ein und **[** (suspendiert den Compiler, womit automatisch wieder der Execute- Mode erreicht wird). So verwendet z. B. das Definitionswort **:** u. a. die Worte **CREATE** und **]**. Die Compilerworte **[** und **SMUDGE** findet man u. a. im eine Colon-Definition beendenden Wort **;**. Der Textinterpreter **INTERPRET** prüft für jedes gefundene Wort den Systemstatus (**STATE** @) und übergibt die ermittelte CFA entweder an **EXECUTE** zur Ausführung oder ruft das Wort **,** , welches dann die CFA ins Dictionary compiliert. Zahlen im Texteingabestrom werden im Execute-Mode zum Datenstack transportiert. Oder es erfolgt die Compilierung zusammen mit einem zahlenformattypischen Literalhandler.
Die streng sequentielle Textauswertung im FORTH-System ermöglicht u. a. das Umschalten in den Execute-Mode und wieder in den Compile-Mode mitten in einer eröffneten Colon-Definition. Diesen Umstand kann man z. B. nutzen, um Berechnungen während der Compilezeit ausführen zu lassen, um damit die Laufzeiten zu minimieren. Wurde nach der Definition eines Wortes mit **IMMEDIATE** dessen Precedence-Bit (Vorrangigkeits-Bit) gesetzt, wird es auch im Compile-Mode sofort executiert. Beispielsweise ist **;** ein solches IMMEDIATE-Wort. Es gibt noch weitere Compileranweisungen wie z. B. auch die selbstdefinierten Definitionsworte (vgl. 2.1.1.). Die hier erwähnten Worte verdeutlichen jedoch die prinzipielle Funktion für ein erstes Verständnis ausreichend.

3.5.5. Der innere Interpreter

Die prinzipielle Arbeitsweise des inneren Interpreters, das ist das Zusammenspiel der Register des FORTH-Prozessors (vgl. Bild 1) bei der Interpretation des gefädelten FORTH-Codes, ist in Tafel 2 skizziert.

Tafel 2 Funktionen des inneren Interpreters

Innerer Interpreter		; Kommentar	! U880-Assembler		
NEXT:		; Entry des inneren Interpreters	! NEXT:		
		; IP hält die aktuelle physische Adresse innerhalb des	!	LD A,	(BC)
		; Parameterfeldes des gerade in Abarbeitung befind-	!	LD L,	A
		; lichen Wortes	!	INC	BC
	((IP))→(W)	; Die dort befindliche CFA wird nach W gebracht. Dies	!	LD A,	(BC)
		; ist die nächste auszuführende Anweisung.	!	LD H,	A
	(IP) := (IP) + 2	; Stelle IP auf nächste physische Adresse (Vorberei-	!	INC	BC
		; tung für NEXTes Wort).	!		
NEXT1:		; innerer Entry (z. B. für EXECUTE)	! NEXT1:		
		; W hält die zu executierende CFA.	!	LD E	(HL)
	((W))→T	; Die Codeadresse CA, d. i. die Startadresse des wort-	!	INC	HL
		; spezifischen Ausführungscode, des jetzt zu execu-	!	LD D,	(HL)
		; tierenden Wortes (z. B. DOCOL, DOVAR oder anderer	!	EX DE	,HL
		; Maschinencode), wird ausgelagert (Temporary)	!		
	(W) := (W) +2	; W wird auf PFA des nun aktuellen Wortes gesetzt.	!	; DE = CFA+1	
	T→PC	; Lade PC mit CA, damit Abarbeitung des Ausführungs--	!	JP	(HL)
		; code. Dieser endet i. a. mit einem Sprung nach NEXT	!		
		; (nächstes Wort).	!		
DOCOL:		; D. i. der allen Secondarys gemeinsame Ausführungscode	! DOCOL:		
		; (DO the COlon). Die Adresse DOCOL wird bei Aufruf	!	LD HL	,(RPP)
		; der Doppelpunktdefinition in neue CFA compiliert.	!	DEC	HL
	(RP) : = (RP) + 2	; RP auf nächste Zelle setzen.	!	DEC	HL
				LD (RPP)	,HL
	(IP)→((RP))	; Nächste physische Adresse der aktuellen Verarbei-	!	LD (HL)	,C
		; tungsebene auf Returnstack retten.	!	INC	HL
			!	LD (HL)	,B
	(W)→(IP)	; W wurde in NEXT auf PFA des aktuellen Wortes gesetzt.	!	INC	DE
		; Die dortige CFA wird dem IP übergeben und damit die	!	LD C	,E
		; nächsttiefere Verarbeitungsebene erreicht.	!	LD B	,D
	JUMP NEXT	; Und wieder von vorn (jetzt eine Ebene tiefer).	!	JP	NEXT
SEMIS:		; Diese Prozedur wird am Ende einer Doppelpunktdefini-	! SEMIS:		
		; tion mit dem Aufruf des Wortes ; in das Parameter-	!	LD HL	,(RPP)
		; feld compiliert und bewirkt die Rückkehr in die	!	LD C	,(HL)
		; vorherige Verarbeitungsebene.	!	INC	HL
	((RP))→IP	; IP zeigt ins Leere (Ende des Secondary) und wird mit	!	LD B	,(HL)
		; dem letzten geretteten Wert (nächste physische	!	INC	HL
		; Adresse der vorherigen Verarbeitungsebene) geladen.	!	LD (RPP)	,HL
	(RP) ;= RP−2	; Rückstellen von RP.	!	JP	NEXT
	JUMP NEXT	; NEXTes Wort in vorheriger Verarbeitungsebene.	!		
PFADUP:		; Maschinencode des Wortes DUP (DUPliziere TOS)	! DUP:		
		; befindet sich im Parameterfeld von DUP (2 Byte	!	POP	DE
		; unter der CFA beginnend).	!	PUSH	DE
	((DP)+2) ;= ((DP))	; Kopiere TOS in nächste RAM-Zelle.	!	PUSH	DE
	(DP) := (DP) +2	; Setze Zeiger auf TOS neu.	.	JP	NEXT
	JUMP NEXT	; Fertig zum NEXTen Wort.	!		

(x)	-bezeichnet Inhalt von x	!	(IP) = BC – Doppelregister
→	-symbolisiert eine Ladeoperation	!	DP = SP – CPU-Stackpointer
:=	-symbolisiert eine Neuzuweisung	!	(W) = HL – Doppelregister
		!	T = DE – Doppelregister

Anhand der Routinen NEXT, DOCOL und SEMIS läßt sich gut verfolgen, wie der FORTH-Prozessor durch die einzelnen Verarbeitungsebenen zu den Primitive-Worten gelangt, diese ausführt (DUP steht als ein Beispiel) und letztlich in die höchste rufende Ebene zurückkehrt. Dies ist i. allg. der äußere Interpreter, die Endlosschleife **QUIT**, dessen compiliertes SEMIS nie erreicht wird. Zur Verdeutlichung der ablaufenden Prozesse sind die entsprechenden Code-Teile eines U880-Assemblerlistings mit dargestellt. Der modulare Aufbau von FORTH ist auch hier im Systemkern gut zu erkennen. Es bereitet kaum Mühe, die Codierung zu verstehen. Damit ist eine wesentliche Voraussetzung für eigene Modifikationen, Erweiterungen oder Neuimplementierungen gegeben. Die Wechselbeziehungen der einzelnen Register sind in /1/ ausführlicher dargestellt.

4. Schlußbetrachtung

Es ist nicht möglich, innerhalb eines Artikels auf alle Aspekte dieses Softwarewerkzeuges einzugehen. So mußten Betrachtungen zu verschiedenen verfügbaren Hilfsmitteln wie Discompiler und Tracer, Meta- und Cross-Compiler (z. B. /17/) oder turn-key-Funktionen ausgespart werden. Vektorielle Execution und Vorwärtsreferenzen seien ebenfalls nur genannt.

FORTH ermöglicht den Zugriff auf ausnahmslos alle Systemressourcen bei gleichzeitiger Verfügbarkeit als Hochsprache. Daraus resultiert eine erhöhte Verantwortung, denn das System erkauft diesen Komfort mit einer recht dürftigen Fehlerbehandlung. So gibt es z. B. keine Datentypenüberwachung wie etwa in der Sprache C. Aber auch hier kann bei Bedarf erweitert werden.

FORTH ist nicht leicht zugänglich. Der Einarbeitungsaufwand ist mit Sicherheit höher als z. B. bei Pascal. Der Anwender wird dafür jedoch voll entschädigt, wenn er einmal die Handhabung dieses Werkzeuges beherrscht und die dahinter stehende Philosophie /18/ verstanden hat.

FORTH-Quelltext ist nicht unbedingt leicht zu lesen. Die Zeit für eine hinreichende Dokumentation über jeden geschaffenen Modul sollte man im eigenen Interesse investieren. Rekapitulation ist bekanntlich recht mühselig.

Anwendungen sind u. a. auf dem Gebiet der Robotertechnik /19/, /20/ bekannt geworden. Das modulare Konzept, die Transparenz und die permanente Regenerierungsfähigkeit von FORTH-Systemen macht FORTH auch für die Mitgestaltung großer und größter Softwarepakete prädestiniert.

In FORTH Programmieren impliziert das systematische Aufbereiten der Aufgabenstellung. Gleichzeitig bleiben dem Programmierer viele Freiräume bei der Realisierung der einzelnen Komponenten. FORTH zeichnet sich durch sehr kurze Wechsel zwischen Codierung und Test aus. Diese interaktive Programmiertechnik ermöglicht schnelle Fehlerbeseitigung und hohe Produktivität /22/.

FORTH ist eine junge, noch im Wachsen begriffene Programmiersprache. Obwohl von Natur aus einer Standardisierung entgegenstehend, sind bisherige Bemühungen der Forth Interest Group (figFORTH, FORTH83) recht erfolgreich. Anpaßprobleme von Programmen an unterschiedliche FORTH-Versionen gibt es praktisch nicht, solange die gängigen Systemschnittstellen eingehalten werden. Fehlende Worte können schnell hinzu definiert werden.

Die bisher relativ geringe Akzeptanz von FORTH wird nicht unbedingt auf den höheren Einarbeitungsaufwand gegenüber anderen Programmiersprachen zurückgeführt, sondern ist in unzureichender Information über diese Programmiertechnik begründet. Diesem Umstand etwas zu begegnen, war Anlaß, diesen Artikel zu schreiben.

Literatur

/1/ Zech, R.: Die Programmiersprache FORTH. Franzis Verlag München 1984

/2/ Glasmacher, P.: FORTH in Silizium. c't Magazin für Computertechnik Heft 4/1987, S. 36–39

/3/ Forth direkt ausgeführt. mc Mikrocomputerzeitschrift Heft 6/1985, S. 63

/4/ Vack, G. U.: Hardware-Realisierung von FORTH. Mikroprozessortechnik, Berlin 1 (1987) 6, S. 169, 170

/5/ Odete, L.: Z8000 Forth. Dr. Dobb's Journal, Nr. 71, Sept. 1982, S. 48–63

/6/ Schiemann, B.: Ein fig-kompatibles FORTH für den U8000. Mikroprozessortechnik, Berlin 1 (1987) 6, S. 165, 166

/7/ Woitzel, E.: comFORTH – Ein flexibles Programmierwerkzeug zur Prozeßautomatisierung. Industriebeleg WPU Rostock 1985

/8/ Zech, R.: FORTH 83. Franzis Verlag München 1987

/9/ Brodie, L.: Programmieren in FORTH. Carl Hanser Verlag München 1986

/10/ Monroe, A. J.: Forth Floating-Point Package. Dr. Dobb's Journal, Nr. 71, Sept. 1982, S. 16 bis 29

(Fortsetzung auf Seite 44)

Universelles 3D-Grafikprogramm in einer Anwendung zur 2dimensionalen Schnellen Fourier-Transformation

Bodo Bachmann
VEB Mikroelektronik „Karl Marx" Erfurt

In vielen Fällen ist es günstig, eine Vorstellung vom Verlauf mathematischer Funktionen bzw. experimentell ermittelter Meßwerte zu gewinnen. Im folgenden wird ein Programm vorgestellt, welches Funktionen der Form z = f (x,y) räumlich, perspektivisch darstellt, wobei die grafischen Darstellungen mathematisch verdrehbar und somit aus beliebigen Richtungen betrachtbar sind. Daran anschließend wird ein Programm zur Schnellen Fourier-Transformation beschrieben, dessen Transformationspaare wirkungsvoll mit dem 3D-Grafikmodul dargestellt werden können.

3D-Darstellung

Um ein 3dimensionales Bild entsprechender Auflösung mit einem Mikrorechner auch in kurzer Zeit darzustellen, wurde die Programmiersprache FORTH verwendet. Dabei kamen die in /2/ und /3/ beschriebenen Erweiterungen des figFORTH-Standards zur Anwendung. Der Plotter robotron K 6418 diente als Zeichengerät. Es kann aber auch bei geringer Modifikation des Programmes ein Grafikdisplay angesteuert werden.
Das Programm setzt sich aus folgenden Hauptteilen zusammen:

1. Koordinatentransformation
2. Projektion (Parallelprojektion)
3. Zeichnen mit Weglassen der verdeckten Linien.

Die Theorie dazu ist ausführlich in /1/ beschrieben.
Vorausgesetzt wird eine Matrix von Funktionswerten des darzustellenden Objektes im x,y,z-Koordinatensystem. Durch die Koordinaten x und y wird eine Speicheradresse eindeutig charakterisiert. Auf dieser Adresse steht dann der Funktionswert z. Die Matrix wird also als Kette von Funktionswerten im Speicher abgelegt.
Mit den gewünschten Betrachtungswinkeln (Drehung und Kippung) transformieren sich die Koordinaten x,y,z zu den Koordinaten u,v,w.
Es werden gleich am Anfang die Schrittweiten in x- und y-Richtung transformiert, da dann in einem kartesischen Raster jeder Punkt durch deren Vektoraddition erreicht werden kann. Der Programmteil für die Transformation der y-Schrittweite ist in Bild 1 zu sehen. Es werden die transformierten Werte UY und VY, die die Schrittweite zum nächsten Punkt charakterisieren, auf dem Parameterstack (PS) bereitgestellt.
Das Programm entspricht den Formeln

$$UY = -\cos(\alpha)\, 2000/(n-1)\, \mathrm{SGN}(\sin[\alpha]) \quad (1)$$

$$VY = \sin(\alpha) \sin(\beta)\, 2000/(n-1)\, \mathrm{SGN}(\sin[\alpha]) \quad (2)$$

α bezeichnet den Drehwinkel, β den Kippwinkel, N die Dimension (max. 81), und 2000 ist dabei ein Normierungsfaktor. Schon hier ist der Vorteil eines extra Gleitkommastacks (GS) zu ersehen. So spart man sich einige SWAP-, ROT- oder OVER-Befehle.
Die x-Schrittweite wird analog transformiert. Nun kann die erste Matrixzeile in einen Zwischenspeicher geholt werden. Mittels des in Bild 2 gezeigten Wortes PROJ wird dann jeweils ein einzelner Punkt projiziert. Zu übergeben sind dabei auf dem Parameterstack UY, VY, LU, LV, I und auf dem Gleitkommastack cos(β).
LU und LV bezeichnen den aktuellen Stand des Plotters, I den Punktezähler.
Man erhält auf dem Parameterstack UY, VY (unverändert), LU', LV', U, V und auf dem Gleitkommastack wieder cos(β). U und V sind die vom Plotter anzufahrenden Koordinaten. Zu entscheiden wäre noch, ob die Linie auch gezeichnet wird. Das gleich an PROJ anzuschließende Wort LINE (Bild 3) überprüft den aktuellen Punkt mit den Koordinaten U und V, ob er evtl. durch andere Punkte verdeckt wird. Ist dies nicht der Fall, wird die Feder des Plotters gesenkt und die Linie bis zum Punkt gezogen, sonst bleibt die Feder angehoben.
Das Prinzip des Nichtzeichnens verdeckter Bildlinien beruht darauf, daß Bildlinien von Linien des Objektes, die dem Betrachter näher liegen, früher gezeichnet werden als die Bildlinien von Objektlinien, die weiter entfernt sind, und daß jede Bildlinie, die gezeichnet werden soll, mit einem unteren Grenzvektor verglichen wird. Sie wird nur dort gezeichnet, wo sie größer als der obere oder kleiner als der untere Grenzvektor ist. Beide Vektoren werden gleichzeitig auf den neuesten Stand gebracht, das heißt, die Bildlinie wird in die Grenzenbildung mit einbezogen.
Im Wort LINE werden die Adressen der Vergleichspunkte berechnet, und deren Werte werden mit V verglichen. Ist der entsprechende Vergleichspunkt größer bzw. kleiner, so wird die Variable T inkrementiert. Nur wenn T den Wert 2 erreicht und wenn zusätzlich T beim vorherigen Punkt auch 2 erreicht hat (wird in 2T gemerkt), wird die Feder gesenkt. Jetzt werden die Koordinaten U und V für den Plotter normiert, erhalten einen Offset und können an den Plotter übergeben werden.
Es fehlen nun noch einige Rahmenwörter, die spezielle Winkelbereiche testen und die Schleifen zum Punktedurchlauf definieren. Diese sind relativ einfach und werden deshalb nicht extra erläutert.
Die Bilder 4 bis 6 zeigen einige Beispiele für mit diesem Programm gezeichnete Funktionen, deren Auflösung 41 mal 41 Punkte beträgt. In den Bildern 4 und 5 wurde allerdings nur jede zweite Linie gezeichnet. (Die Grafik aus Bild 5 verwendeten wir wegen ihrer Attraktivität bereits zur Gestaltung des

```
: Y-TRAFO                      (2 od. 1 -- UY VY)
-2000. N@ 1 - *                ( (N-1)·2,wenn nur jede 2. Linie
                                gezeichnet wird              )
S->G                           (Zahl vom PS zum GS)
G/ VSA G@                      (VSA hält das Vorzeichen von sinα )
G* GDUP CA G@                 (CA hält als Variable cosα )
G* W G@ G*                     (W=Maßstabsfaktor )
G->S SA G@ SB G@               (Zahl vom GS zum PS sinα, sinβ )
G* G* GVZ                      (GVZ = Vorzeichenwechsel )
W G@ G* G->S  ;
```

Bild 1 FORTH-Wort zur Schrittweitentransformation

Bild 2 Berechnung der Projektionskoordinaten eines Punktes

Bild 3 Zeichnen ohne verdeckte Linien

```
: PROJ                      PS (I UY VY LU LV -- UY VY LU' LV' U V)
                            GS (        CB     --       CB        )
41700 + @                      ( z vom Zwischenspeicher          )
GDUP S->G G*                   (Multiplikation mit CB            )
SWAP DUP
5 PICK                         ( 5. Element auf oberste Stackpos.)
+ SWAP ROT DUP
5 PICK + ROT ROT
G->S +      ;
```

```
: LINE                          ( U V -- )
O T ! 2DUP SWAP S->G
D G@                            (D=Gleitkommavariable für Differenz
                                 der U-Koordinaten zweier
                                 benachbarter Punkte               )
G/ 0.5 G+                       (Offset zum Vergleichsvektor       )
G->S                            (Integer für Adreßrechnung         )
2* DUP 41070                    (Multiplikation mit 2, da 2-Byte-
                                 Zahl                              )
+@ ROT <                        (1. Test auf Verdeckung            )
IF 2DUP 41070 + !
ELSE 1 T +!
ENDIF
2DUP 41490 + @ <                (2. Test auf Verdeckung           )
IF 2DUP 41490 + !
ELSE 1 T +!
ENDIF
DROP T @ 2 <
IF 2T @ 2 < IF PD;             (2T und T = 2, also Linie ziehen   )
            ELSE PU;
            ENDIF
ELSE PU;
ENDIF
SWAP 5 + 10 / 01@ +             (Normieren und Plotter Offset      )
SWAP 5 + 10 / 02@ +
PA T@ 2T !      ;               (T in 2T für nächsten Punkt merken )
```

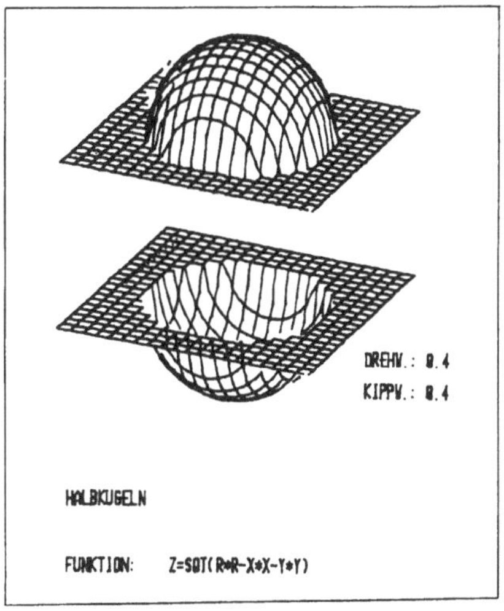

Bild 4 Halbkugelpaar

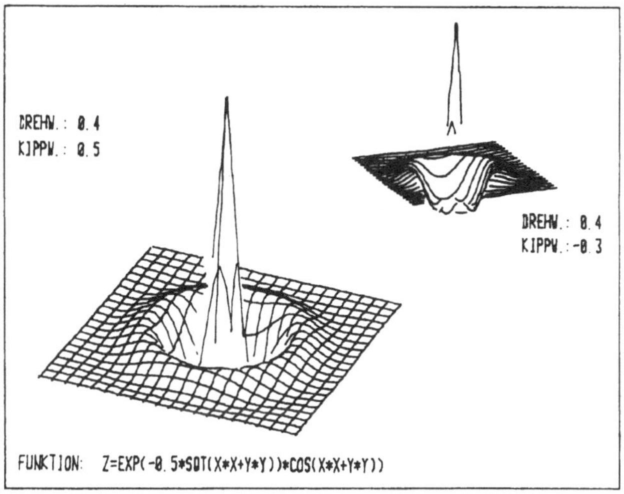

Bild 5 Beispiel aus zwei verschiedenen Betrachtungsrichtungen

Titelbildes von MP 11/1987, als es um das Thema Computergrafik ging.)
Im Programm können maximal 81 mal 81 Punkte dargestellt werden.
Interessant ist der Zeitvergleich zu einem entsprechenden BASIC-Programm, welches für die Dimension 41 ca. 20 min benötigt. Das FORTH-Programm hingegen braucht nur 2 min, wobei, wie auch in /3/ schon angedeutet, diese Zeit durch die Zeichengeschwindigkeit des Plotters begrenzt wird. Die reine Rechenzeit liegt noch darunter. (Die Zeiten beziehen sich auf den Bürocomputer A 5130 mit 2,5 MHz Taktfrequenz.)

Schnelle Fourier-Transformation

Die 2dimensionale Fourier-Transformation basiert hier im dargestellten Programm auf dem Schnellen Fourier-Transformationsalgorithmus nach Cooley und Tukey, speziell unter Verwendung der Basis 2 /4/. Repräsentiert wird dieser Programmteil durch das FORTH-Wort SFT (Bild 8). Ein analoges BASIC-Programm, dessen Funktionsweise sicher leichter nachzuvollziehen ist als das FORTH-Wort SFT, ist in /4/ zu finden. Jedoch weist das Wort SFT noch spezielle programmtechnische Besonderheiten auf. So werden beispielsweise nur 2-Byte-Integerzahlen verarbeitet. Die Gleitkommarechnung wird hier nur zur Berechnung der Winkelfunktionswerte verwendet. Durch die Integerrechnung sind hohe Rechengeschwindigkeiten zu erzielen. Zur weiteren Steigerung der Rechengeschwindigkeit werden die benötigten Winkelfunktionswerte durch das Wort COSI im Speicher bereitgestellt.
Die in SFT benötigte Bitspiegelung (INVERS) sowie eine besonders schnelle Multiplikationsroutine (MS*) wurden als FORTH-Primitive definiert (Bild 7).
Im Wort SFT wird ein Vektor von N Elementen mit Real- und Imaginärteil transformiert. N ist dabei im Rahmen der 2er Potenzen bis 64 frei wählbar und zu Beginn der Rechnung in die Variable NF zu laden. Bei einer anderen Speicheraufteilung sind auch höhere Potenzen möglich.
Die Konstante ROFF enthält die Adresse des ersten Elementes des Realteil-Vektors. 128 Byte höher im Speicher wird durch die Konstante IOFF der Platz für den Imaginärteil des ersten Elementes markiert.
Zur Erläuterung werden in Bild 8 teilweise die Stack- bzw. Returnstack-Belegungen in Klammern dargestellt. Dabei bezeichnen speziell R1, R2, I1 und I2 die Adressen der gerade zu berechnenden Real- bzw. Imaginärteil-Elemente. Das Problem der Multiplikation mit den Winkelfunktionswerten wurde folgendermaßen gelöst: Die Winkelfunktionswerte, bereits bereitgestellt im Wort COSI, werden dort auf 32767 normiert. Zur Multiplikation wird dann die gemischt genaue Operation MS* verwendet, die aber nur die höherwertigen 2 Byte des doppelt genauen Ergebnisses auf dem Stack ablegt. Dies entspricht einer Division durch 65534, und durch die

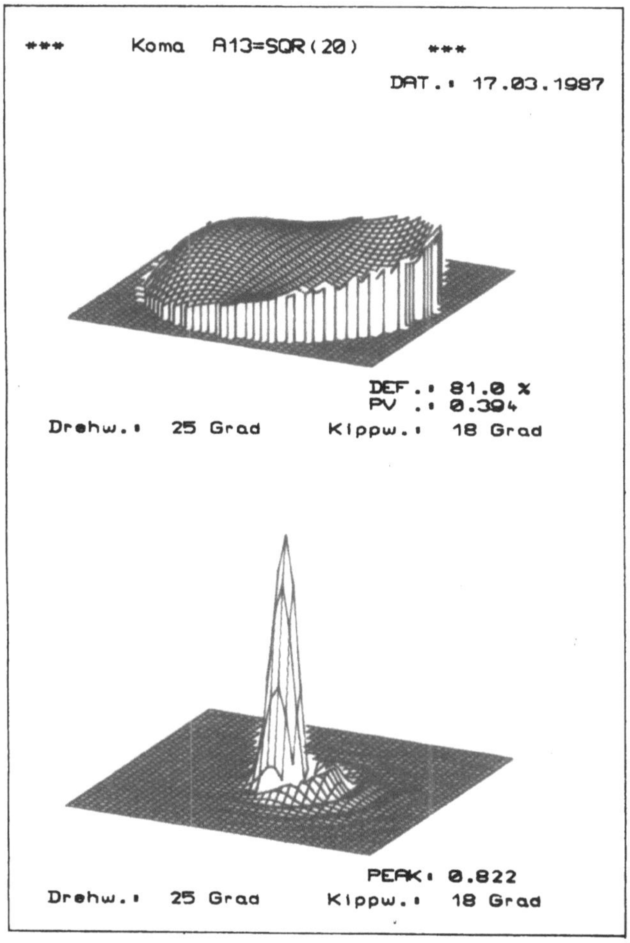

Bild 6 Anwendung in der Optik: Wellenfläche und Punktbild für Koma

Bild 7 Parameter und Maschinendefinitionen zur SFT

```
          ( ==== SFT/BBD ==== )
DECIMAL
   64 VARIABLE NF     0 VARIABLE CAF   62 ALLOT
    0 VARIABLE SAF   62 ALLOT
    0 VARIABLE IZ     0 VARIABLE T2     0 VARIABLE N2
    0 VARIABLE N5 48896 CONSTANT ROFF  49024 CONSTANT IOFF
HEX
CODE INVERS
   E1D1 , 7DC5 , 0806 , 27CB , 1DCB , FA10 , 3DCB , 23CB ,
   FA20 , E5C1 , 41C3 , 02 C,   END-CODE
CODE MS*
   E1D1 , 44C5 , 7A4D , E6A8 , F580 , 7ACB , 0628 , 21 , ED00 ,
   EB52 , 78CB , 828 , 21 , AF00 , 42ED , 4D44 , 21 , 3E00 ,
   CB11 , CB18 , 3D19 , 928 , 130 , CB19 , CB1C , 181D , F1F0 ,
   7FCB , F28 , 91AF , 3E4F , 9800 , 3E47 , 9D00 , 3E6F , 9C00 ,
   C167 , 40C3 , 02 C, END-CODE  DECIMAL                 -->
```

Bild 8 FORTH-Wort zur linearen Schnellen Fourier-Transformation

```
        ( ==== sft 2 ==== )

: SFT
  NF § N2 ! 0 N2 § 0 OVER 2* 2
  DO I IZ ! BEGIN SAF N5 ! DO
  N2 § +                                  ( KN2 )
  ROFF + DUP 128 + 2DUP                   ( R2I2R2I2 )
  I ROFF + DUP >R DUP 128 + DUP >R        ( R2I2R2I2R1I1  / R1I1)
  § ROT § DUP R> +! - T2 !                ( R2I2R2R1  / R1 )
  § SWAP § DUP R> +! - >R                 ( R2I2  / T1 )
  N5 § DUP § DUP IF ROT X ! SWAP -72 + § ( R2 SIN COS  / T1 )
  OVER R MS* 2*   OVER T2 § MS* 2*   +  ( R2 SIN COS EI / T1)
  X § ! R> MS* 2*   SWAP T2 § MS* 2* - SWAP !
  ELSE 2DROP T2 § SWAP ! R> SWAP !
  ENDIF
                                                 -->

        ( ==== sft 3 ==== )

  IZ § N5 +!

  I 2+ 2 +LOOP                            ( I )
  N2 § + DUP N2 § + OVER                  ( K K+N2 K )
  DUP NF § 2* = UNTIL 2DROP DROP
  0 N2 § 2 / DUP N2 ! 0                   ( 0 N2/2 0 )
  I +LOOP 2DROP DROP
  NF § 0 DO I NF § INVERS
  DUP I > IF 2* ROFF + DUP 128 +          ( R2I2 )
  I 2* ROFF + DUP 128 +                   ( R2I2R1I1 )
  ROT 2DUP § SWAP § ROT ! SWAP !
  2DUP § SWAP § ROT ! SWAP !
  ELSE DROP ENDIF LOOP ;
                                                 -->
```

Bild 9 Weitere Hilfsfunktionen

```
        ( ==== sft 4 ==== )

: COSI
   3.1415926 NF § 2 / S->G G/
   32767 CAF ! 0 SAF !
   NF § 2 DO
   CAF I + 2 - § GDUP COS S->G G* G->S
   SAF I + 2 - § GDUP SIN GVZ S->G G* G->S -
   CAF I + !
   CAF I + 2 - § GDUP SIN GVZ S->G G* G->S
   SAF I + 2 - § GDUP COS S->G G* G->S +
   SAF I + !
   2 +LOOP GDROP ;
                                                 -->

        ( ==== sft 5 ==== )

: NEGAT
   NF § 2* ROFF + ROFF 2+ DO I § MINUS I ! I 128 + DUP § MINUS
   SWAP ! 4 +LOOP ;
: TEIL
   NF § 2* ROFF + ROFF DO I § 5 + 10 / I ! I 128 + DUP § 5 +
   10 / SWAP ! 2 +LOOP ;
```

anschließende Multiplikation hat quasi eine Multiplikation mit dem echten Winkelfunktionswert (≦ 1) stattgefunden. Dabei wurde eine fast 4stellige Genauigkeit erzielt. Da alle anderen Operationen aus Additionen bestehen, trifft die Genauigkeit für das ganze Wort SFT zu. Am Ende des Wortes wird die notwendige Umordnung der Elemente mit Hilfe des Maschinenwortes INVERS (Bitspiegelung) vollzogen.

Um den Rahmen der 2-Byte-Integerzahlen nicht zu sprengen, muß darauf geachtet werden, daß die Summe der eindimensional zu transformierenden Elemente die Zahl 32767 nicht überschreitet. Die zu transformierenden Vektoren sind also entsprechend zu normieren.

Weiterhin ist zu beachten, daß die Definitionswerte nur positiv sein können und Funktionen mit negativen Definitionswerten entsprechend ihrer Periodizität verschoben werden müssen. Eine solche Verschiebung wird bei Funktionen mit einem Definitionsbereich von − x bis + x durch den Aufruf des Wortes NEGAT (Bild 9) bewirkt. In Bild 9 ist noch die Definition des Wortes TEIL gezeigt, welches nach der Fourier-Analyse jedes Element durch N teilt.

Für eine Rücktransformation (Fourier-Synthese) sind im Wort SFT in den beiden Zeilen, die auch das Wort MS* aufrufen, Addition und Subtraktion zu vertauschen. Das Wort TEIL wird dann nicht aufgerufen.

Die Erweiterung des Fourier-Transformationsprogramms zur Transformation quadratischer Matrizen, also Funktionen 2er Veränderlicher, erfolgt am effektivsten, indem zuerst alle Zeilen linear transformiert und danach die Spalten der so veränderten Matrix linear transformiert werden oder umgekehrt. Ein Beispiel dazu aus dem Bereich der Optik zeigt Bild 6. Dargestellt werden die durch ein angenommenes Objektiv, welches lediglich durch einen einzelnen Bildfehler (Koma) belastet ist, erzeugten Wellenaberrationen und die daraus durch eine Fourier-Transformation mit anschließender Intensitätsbildung (Quadratsumme von Real- und Imaginärteil) gewonnene Punktbildfunktion.

Bei jeder Fourier-Transformation ist besonders auf die Einhaltung des Abtasttheorems /4/ zu achten, dessen Berücksichtigung in diesem speziellen Fall ergab, daß die Stützpunktzahl der Wellenfläche maximal gleich der Hälfte der Dimension der Matrix sein darf. Die äußeren Zeilen und Spalten werden mit Nullen aufgefüllt. Auf diese Weise sind Bandüberlappungen ausgeschlossen, und auch die Forderung der Bandbegrenzung ist erfüllt.

Die Dimension der zu transformierenden Matrix des Beispiels aus Bild 6 betrug 64 mal 64 Punkte. Die zur Transformation notwendige Rechenzeit belief sich auf ca. 4 min. Mit dem 3D-Grafikmodul wurde jeweils nur ein Ausschnitt der Matrix von 41 mal 41 Punkten dargestellt.

Abschließend soll noch bemerkt werden, daß der Programmieraufwand bzw. die Entwicklungszeit für ein solches FORTH-Programm etwa 2- bis 3mal höher als für ein vergleichbares BASIC-Programm ist.

Literatur

/1/ Bechstein, J.: Perspektivische Darstellung von Funktionen zweier Veränderlicher mit Hilfe von Plotter und Display. Zentralinstitut für Kernforschung 1977

/2/ Bachmann, B.: Gleitkomma in FORTH. Mikroprozessortechnik, Berlin 1 (1987) 6, S. 166

/3/ Bachmann, B.: Steuerung des Plotters K 6418 in FORTH. Mikroprozessortechnik, Berlin 1 (1987) 6, S. 168

/4/ Brigham, E. O.: FFT Schnelle Fourier-Transformation. Einführung in die Nachrichtentechnik. R. Oldenbourg Verlag München, Wien 1985

☒ KONTAKT ☏

VEB Mikroelektronik „Karl Marx" Erfurt, Abt. CET5, Rudolfstr. 47, Erfurt, 5010; Tel. 58 39 68

(Fortsetzung von Seite 41)

/11/ Bachmann, B.: Gleitkomma in FORTH. Mikroprozessortechnik, Berlin 1 (1987) 6, S. 166–168

/12/ Woitzel, E.: comForth – Programmierwerkzeug FORTH unter SCP. edv-aspekte, Berlin 5 (1986) 4, S. 47–52

/13/ Solntseff, N.: Forth Programming Style. Dr. Dobb's Journal, Nr. 71, Sept. 1982, S. 30, 32

/14/ Zech, R.: Forth auf einem Einchip-Mikro. mc Mikrocomputer-Zeitschrift Heft 1/1985, S. 96 bis 100

/15/ Floegel, E.: FORTH Anwendungsbeispiele. Hofacker Verlag Holzkirchen 1984

/16/ Duncan, R.; Tracy, M.: The FVG Standard Floating Point Extension. Dr. Dobb's Journal, Nr. 71, Sept. 1984, S. 110–115

/17/ Buvel, R.: A Forth Native Code Cross Compiler for the MC68000. Dr. Dobb's Journal, Sept. 1984, S. 68–107

/18/ Brodie, L.: In FORTH denken. Carl Hanser Verlag München 1987

/19/ Bruijn, P. M.: Forth programming in control engineering. Journal A, Vol. 27, no 2, 1986, S. 91–96

/20/ Varga, G.; Krapp, M.: FORTH als Sprachkonzept für Robotersteuerungen. edv-aspekte, Berlin 4 (1985) 4, S. 11–15

/21/ Recherche Nr. 9397 vom 22. 7. 1986 Thema: Programmiersprache FORTH VEB Robotron-Elektronik Dresden, Leitstelle Inform./Dokumentation, Postfach 330, Dresden, 8012

/22/ Meyer, G.: SPS-Programmierung in FORTH. Markt und Technik, München, Heft 8/1984, S. 33, 34

Mikroprozessorsystem K 1810 WM86

Hardware · Software · Applikation (Teil 1)

Prof. Dr. Bernd-Georg Münzer (wissenschaftliche Leitung),
Dr. Günter Jorke, Eckhard Engemann, Wolfgang Kabatzke, Frank Kamrad, Helfried Schumacher, Tomasz Stachowiak
Wilhelm-Pieck-Universität Rostock, Sektion Technische Elektronik, Wissenschaftsbereich Mikrorechentechnik/Schaltungstechnik

Das System K 1810 WM86 wird in dieser Kurs-Reihe in folgenden Komplexen umfassend vorgestellt:

1. Systemarchitektur
2. System-Schaltkreise
3. Interface-Schaltkreise
4. Interruptsystem
5. CPU-Assemblerbefehle
6. Assemblerprogrammierung mit SCP 1700
7. Coprozessoren
8. Programmentwicklung in C
9. Multitask-Verarbeitung
10. Systemüberblick

1. Systemarchitektur

Das 16-Bit-Mikroprozessorsystem K 1810 WM86 (8086) wird durch folgende Leistungsmerkmale gekennzeichnet:

- Datenbreite 16 Bit
- Speicheradreßraum 1 MByte
- E/A-Adreßraum 64 KByte
- CPU-Registerbreite 16 Bit
  - 4 Hauptregister
  - 2 Pointerregister
  - 2 Indexregister
  - 1 Flagregister
  - 4 Segmentregister
  - 1 Programmzähler
- CPU-Takt 5 MHz
- Coprozessorfähigkeit.

Es entspricht somit der mittleren Klasse seiner 16-Bit-Generation.
Das System 8086 hat international eine außerordentlich breite Anwendung gefunden, besonders auch durch den Einsatz in Personalcomputern führender Hersteller.
In den einzelnen Kapiteln dieses Kurses werden die Architektur, System- und Interface-Schaltkreise im Rahmen von applikativ erprobten Anwenderlösungen vorgestellt. Des weiteren folgen Beschreibungen zum Befehlssatz und zu Adressierungsmodi mit Beispielen zur Assemblerprogrammierung. Ein weiterer Abschnitt beschäftigt sich mit dem Multi- und Coprozessorverhalten. Danach werden die Möglichkeiten zur Programmentwicklung mit Hochsprachen einschließlich der Echtzeitprogrammentwicklung erläutert. Das abschließende Kapitel gibt einen Ausblick zu weiterentwickelten Systemen der oberen 16-Bit-Klasse.
Der Kurs hat sich zum Ziel gesetzt, in der gesamten Breite von Hardware und Software

Der Kurs hat sich zum Ziel gesetzt, in der gesamten Breite von Hardware und Software die Erfahrungen zum System 8086 zu vermitteln. Bezüglich von Detailbeschreibungen zu Parametern der Systemkomponenten, Vollständigkeit des Befehlssatzes und von Dienstprogrammen der Betriebssysteme wird auf die entsprechende Literatur der Entwickler hingewiesen.

1.1. Systemkomponenten

Eine 8086-Mikrorechner-Grundkonfiguration in der praxisrelevanten CPU-Betriebsart Maximum-Mode besteht aus folgenden Komponenten (Bild 1.1):

Systemschaltkreise

– 8284A Clock-Generator: Generierung des Systemtaktes CLK, READY- und RESET-Steuerung.
–8086 CPU: Generierung des multiplexen Adreß-/Datenbus AD0 ... AD15, der höherwertigen Adressen A16 ... A19, der Statussignale $\overline{S0}$ ... $\overline{S2}$ und der Speicher-Bank-Steuerung Bus-High-Enable $\overline{BHE}$.
–8288 Buscontroller: Generierung der Steuersignale für Speicher-($\overline{MRDC}$, $\overline{MWTC}$) und ($\overline{IORC}$, $\overline{IOWC}$), des Strobe-Signals ALE zur Adreßübernahme, der Freigabe- und Richtungssteuerung für die Datenbustreiber (DEN, DT/$\overline{R}$) und des Signales $\overline{INTA}$ zur Interruptbestätigung.

1.2. Busstruktur

Die 8086-CPU besitzt einen multiplexen Adreß-/Datenbus, der über Octal-Latches 8282 zum System-Adreßbus AB0 ... AB19 und über Datenbustreiber 8286 zum System-Datenbus DB ... DB15 geführt wird. Die Selektion von Daten und Adressen erfolgt mit Hilfe der System-Steuersignale

ALE	address latch enable
DEN	data enable
DT/$\overline{R}$	data transmit/receive.

1.3. Speicher und E/A-Ports

Der Arbeitsspeicher ist byteorganisiert aufgebaut, das heißt, der gesamte Adreßraum von max. 1 MByte ist in 2 physisch getrennte 512-KByte-Banks (EVEN-, ODD-Bank) aufgeteilt. Die EVEN-Bank repräsentiert alle geraden Adressen (Chip-Select mit AB0 = 0), und die 8-Bit-Datenleitungen der Speicherbank sind zum niederwertigen Teil DB0 = DB7 des Systembusses geführt. Dementsprechend vereinigt die ODD-Bank alle ungeraden Adressen (Chip-Select mit $\overline{BHE}$ = 0), deren Datenleitungen mit DB8 ... DB15 verbunden sind. Die 8086-Ports mit dem maximalen Adreßraum von 64 KByte sind ebenfalls byteorganisiert und werden durch gerade/ungerade Adressen mittels AB0 und $\overline{BHE}$ selektiert (Bild 1.1). Die Ein-/Ausgabebefehle erlauben somit neben der Byte-Ein-/Ausgabe auch den Worttransfer über zwei 16-Bit-Ports benachbarter Adressen.

1.4. CPU Basis-Timing

Der 5-MHz-Systemtakt CLK, vom 8284A bereitgestellt, ist unsymmetrisch mit 1/3 High-Pegel und 2/3 Low-Pegel (Bild 1.2). Jeder CPU-Buszyklus besteht aus mindestens 4 Takten.
Vor dem Takt T1 jedes Buszyklus erfolgt die Bereitstellung der Statussignale S0, S1, S2 nach folgender Kodierung:

Bild 1.1. 8086-Systemarchitektur

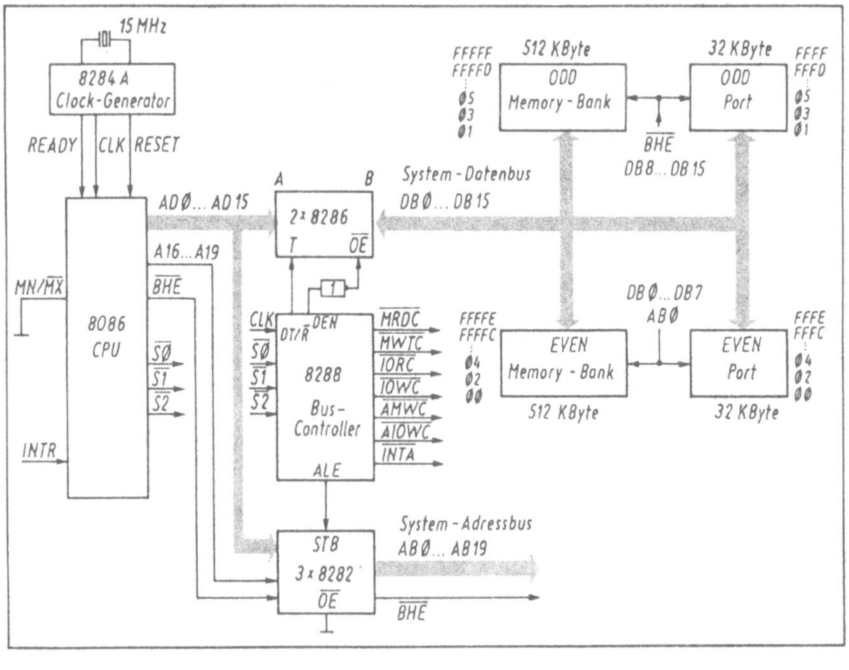

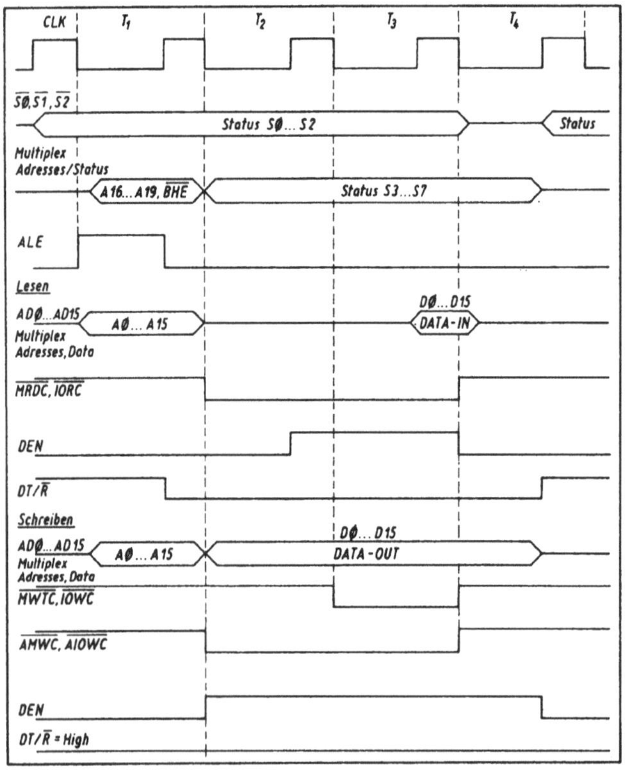

Bild 1.2 8086-Buszyklus

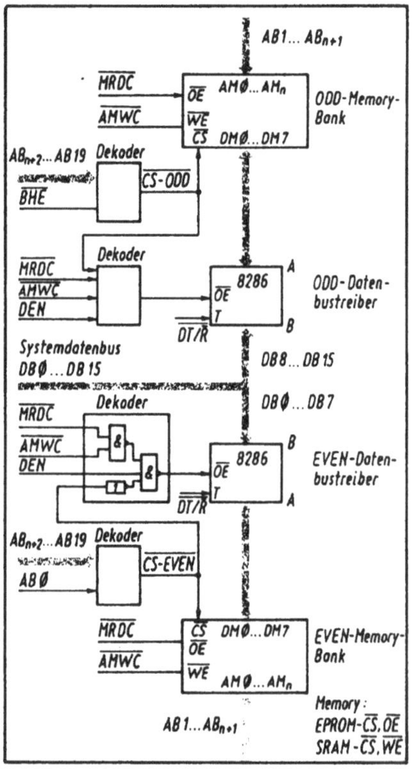

Bild 1.3 8086-Speicherarchitektur

$\overline{S2}$	$\overline{S1}$	$\overline{S0}$	
0	0	0	Interrupt-Bestätigung
0	0	1	Porteingabe
0	1	0	Portausgabe
0	1	1	Halt
1	0	0	Befehlholen
1	0	1	Speicherlesen
1	1	0	Speicherschreiben
1	1	1	passiv, kein Buszyklus.

Aus diesen Statussignalen erzeugt der Buscontroller 8288 die Steuersignale

$\overline{MRDC}$	memory read control
$\overline{IORC}$	I/O read control
$\overline{MWTC}$	memory write control
$\overline{IOWC}$	I/O write control

und die zeitlich vorgezogenen Schreibsignale

$\overline{AMWC}$	advanced memory write control
$\overline{AIOWC}$	advanced I/O write control.

Zur Adreßübernahme in die Octal-Latches dient das Signal ALE zur Richtungssteuerung der Datenbustreiber DT/$\overline{R}$ und zur Freigabesteuerung der Datenbustreiber DEN.

Die Statussignale S3 ... S7 können durch eine extreme Logik gespeichert werden und enthalten Informationen über aktuelle Zugriffe zu Segmentregistern und zu den Zustandsbits.

Im Takt T1 werden von der CPU die Adressen A0 ... A15 (multiplex mit Daten), A16 ... A19, $\overline{BHE}$ (multiplex mit Status S3 ... S7) generiert und von den Octal-Latches mit der fallenden Flanke von ALE übernommen. Zu Beginn von T2 stehen damit gültige Adressen und $\overline{BHE}$ bereit. Der Datentransfer wird durch Generierung der Steuersignale für die Speicher, für die E/A-Geräte und für die Datenbustreiber eingeleitet und mit den Takten T3/T4 abgeschlossen.

Speicherlese-/Befehlshole- und Portlesezyklen werden mit der Datenübernahme am Ende von T3 abgeschlossen. Bei Speicherschreib- und Portschreibzyklen werden unmittelbar nach T1 die Daten von der CPU bereitgestellt, um eine sichere Datenübernahme zu gewährleisten.

1.5. Speichertransfer

Der Datenaustausch zwischen CPU und Arbeitsspeicher erfolgt durch Aktivierung der Signale AB0, $\overline{BHE}$ byte- oder wortweise nach folgendem Modus:

$\overline{BHE}$	AB0	Transfer
1	0	Byte von gerader Adresse (EVEN-Bank) über DB0 ... DB7
0	1	Byte von ungerader Adresse (ODD-Bank) über DB ... DB15
0	0	Worttransfer gleichzeitig von EVEN- und ODD-Bank.

Befehlsholezyklen erfolgen grundsätzlich wortweise.

Die Adresse AB0 entspricht somit einem Freigabesignal für die EVEN-Bank (Bus-Low-Enable). Der 16-Bit-Transfer erfolgt mit AB0 = $\overline{BHE}$ = 0 parallel in einem Buszyklus, falls die niederwertige Adresse des Bytepaares geradzahlig ist. Wenn diese ungeradzahlig ist, wird der Worttransfer automatisch von der CPU in zwei Buszyklen zu je einem Byte zerlegt, zuerst mit AB0 = 1, $\overline{BHE}$ = 0 der ODD-Transfer und anschließend mit AB0 = 0, $\overline{BHE}$ = 1 der EVEN-Transfer.

Bild 1.3 zeigt einen Speichermodul mit EPROM und SRAM. Die Speicheradressen AM0 ... AMn werden mit AB1 ... ABn+1 des Systemadreßbus und die Datenleitungen DM0 ... DM7 jeweils mit dem niederwertigen Teil DB0 ... DB7 bzw. dem höherwertigen Teil DB8 ... DB15 des Systemdatenbus verbunden.

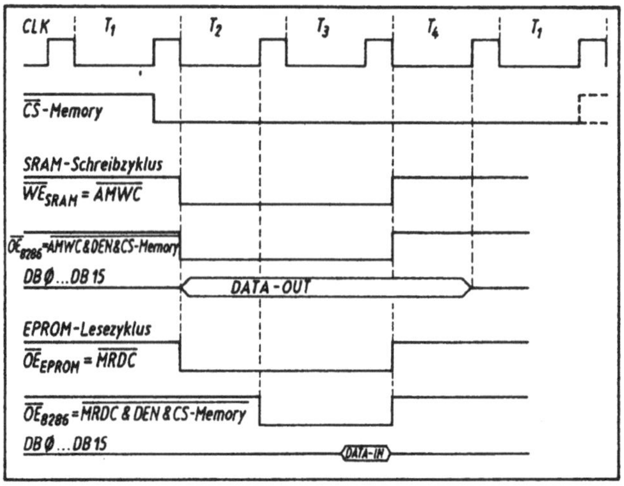

Bild 1.4 Speicherschreib-/-lesezyklus

Zur Sicherung der Datenzugriffszeiten wird die Speicher-CS-Steuerung nur aus den Adressen ABn + 2 . . . AB19 gebildet und für die EVEN/ODD-Bank mit AB0 bzw. $\overline{BHE}$ getort. Damit ist CS-Memory am Ende des Taktes T1 gültig (Bild 1.2). Im System 8086 dürfen nur Speicherschaltkreise mit pegelgesteuertem CS eingesetzt werden. Bei EPROMs wird der $\overline{OE}$-Eingang mit $\overline{MRDC}$ und bei SRAMs der $\overline{WE}$-Eingang mit $\overline{AMWC}$ verbunden.
Die Dekodierung für die OE-Freigabe-Steuerung der Datenbustreiber ist in Bild 1.3 im EVEN-Dekoder ausgeführt.
Die Richtungssteuerung T der Datenbustreiber erfolgt mit DT/$\overline{R}$.
Die Zeitbeziehungen beim Datentransfer am Beispiel eines SRAM-Schreibzyklus und eines EPROM-Lesezyklus sind in Bild 1.4 dargestellt.
Folgende Speicherschaltkreise können ohne WAIT-Zyklen bei einem Systemtakt von 5 MHz verwendet werden:

EPROM U2716 C 35
SRAM U2114 D 20.

Über die Anwendung dynamischer Speicher wird in einem späteren Abschnitt berichtet.
Eine praktikable Aufteilung des physischen 1-MByte-Speicherraumes in einem 8086-Rechner erfolgt nach folgendem Modus:

ROM

16 KByte	FC000H . . . FFFFFH	Monitor
	FFFF0H	Einsprung nach RESET

RAM

1/2 MByte	0400H . . . 7FFFFH	Daten, Stack und Anwenderbereich
1 KByte	0000H . . . 03FFH	Interrupt-Pointer-Tabelle

1.6. Ein-/Ausgabetransfer

Der Ein-/Ausgabetransfer über 8-Bit-/16-Bit-Ports wird äquivalent zum Speichertransfer nach Bild 1.1 und 1.3 mit folgenden systemeigenen Interface-Schaltkreisen realisiert:

8251A Universal Synchronous/Asynchronous Receiver/Transmitter (USART)
8255A Programmable Peripheral Interface (PPI)
8253 Programmable Interval Timer (PIT)
8259A Programmable Interrupt-Controller (PIC).

Die drei zuerst genannten Schaltkreise wurden aus dem 8-Bit-System 8080 übernommen. Diese Interface-Ports können keinen vektorisierten Interrupt auslösen, so daß ein im Interruptverhalten an die 8086-CPU angepaßter 8-Ebenen-Interrupt-Controller 8259A entwickelt wurde. Der PIC darf nur als EVEN-Port betrieben werden, da der Interruptvektor über den niederwertigen Systemdatenbus DB0 . . . DB7 von der CPU eingelesen wird. Für diese Schaltkreise ist bei einem E/A-Zugriff jeweils ein Wait-Takt einzufügen.
Bei der Kopplung von U880-Interface-Schaltkreisen an das System 8086 ist eine Reihe von schaltungstechnischen Maßnahmen zur Kompatibilität des Steuerbus und des Interruptverhaltens erforderlich.

2. System-Schaltkreise

Die 8086-Systemschaltkreise sind:
–8086 – CPU
–8284A – Clockgenerator
–8288 – Buscontroller.

2.1. CPU

Die Standard-8086-CPU, mit 5 MHz Systemtakt und der Betriebsspannung + 5 V, wird in HMOS-Silicon-Gate-Technologie mit 29000 integrierten Transistoren in einem 40poligen DIL-Gehäuse hergestellt. (Bild 2.1).

2.1.1. CPU-Architektur

2.1.1.1. Funktionseinheiten
Die internen Funktionen des 8086-Mikroprozessors sind in zwei Einheiten aufgeteilt (Bild 2.2):
– Execution-Unit (EU)
– Bus-Interface-Unit (BIU).

Die EU enthält die grundsätzlichen Elemente einer CPU, wie Hauptregister, Arithmetic & Logic-Unit, Adreß- und Flagregister. Die EU führt die Dekodierung der von der BIU zwischengespeicherten Befehle durch. Nur die BIU besitzt Zugang zum externen 8086-Bus. Zur Erhöhung der Busbandbreite führt die BIU unabhängig von der EU ein vorausschauendes Holen von Befehlscodes und deren Zwischenspeichern in einem 6-Byte-FIFO-Instruction-Queue durch. Die Übergabe der Befehlscodes aus dem Instruction-Queue an die EU hängt von der Dekodierung und Ausführung des aktuellen Befehls ab, wobei die BIU dabei bemüht ist, den Instruction-Queue ständig gefüllt zu halten. Diese parallele und asynchrone Arbeit zwischen EU und BIU führt zu einer optimalen Busauslastung. Die bisher vom Anwender gewohnte sequentielle Folge von Maschinenzyklen auf einem Mikrorechnerbus in Korrespondenz mit den Maschinenzyklen der Befehle wird beim 8086-System verlassen (pipelining). Der aktuelle Transfer auf dem Systembus wird vom jeweiligen Zustand der EU (Befehlsdekodierung, -ausführung) und vom Instruction-Queue in der BIU (vorausschauendes Befehlsholen) bestimmt. Auf diese Tatsache muß der Anwender sich bei der Logikanalyse bzw. Busanzeige im READY/WAIT-Einzelschrittbetrieb einstellen.
Weiterhin erfolgt in der BIU die Generierung des 20-Bit-Adreßbus mit Hilfe der Segmentregister (vgl. Abschnitt 2.1.1.5.).

2.1.1.2. Hauptregister

Die CPU besitzt vier 16-Bit-Hauptregister, die vor allem bei arithmetisch/logischen und E/A-Operationen verwendet werden (Bild 2.3):
AX Accumulator
BX Base
CX Count
DX Data.
Diese Register sind auch jeweils als zwei 8-Bit-Register verwendbar und mit dem Index H bzw. L bezeichnet. Durch diese Aufteilung lassen sich auch Operationen mit 8-Bit-Operanden durchführen.

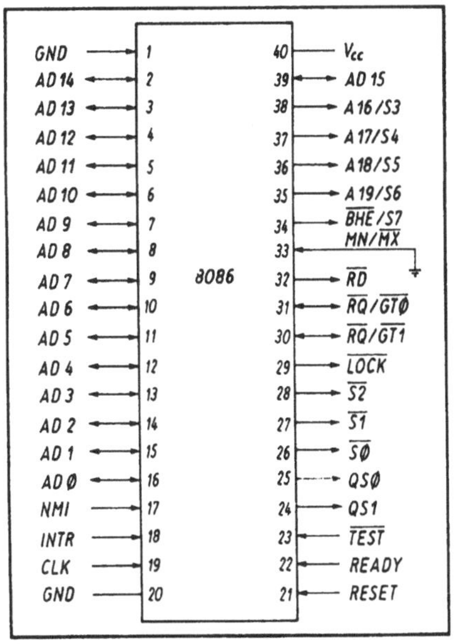

Bild 2.1 8086-CPU

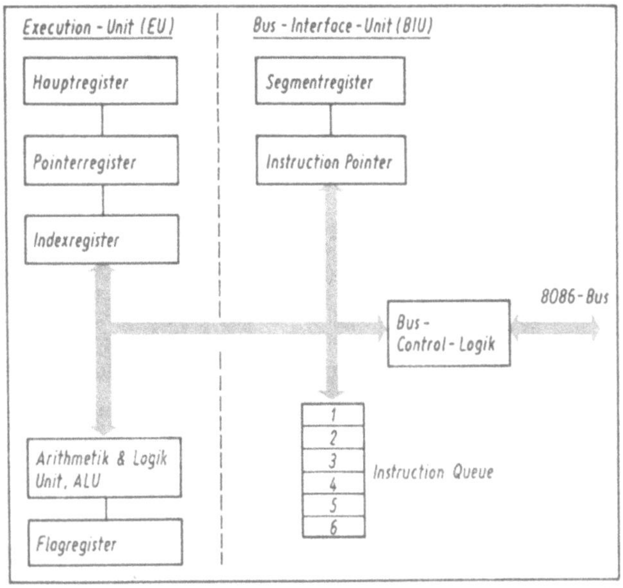

Bild 2.2 8086-CPU-Architektur

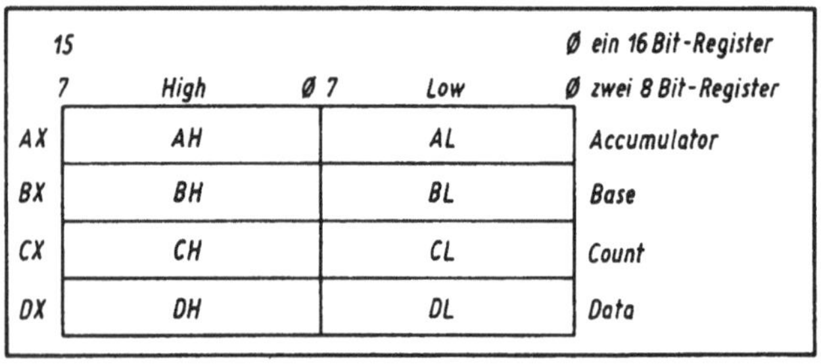

Bild 2.3 Hauptregister

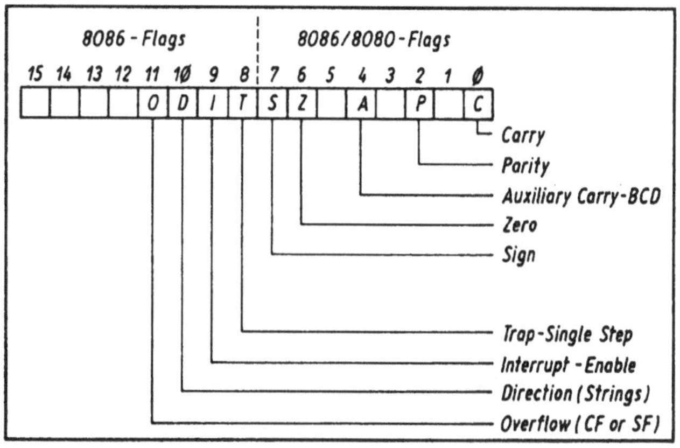

Bild 2.6 Flagregister

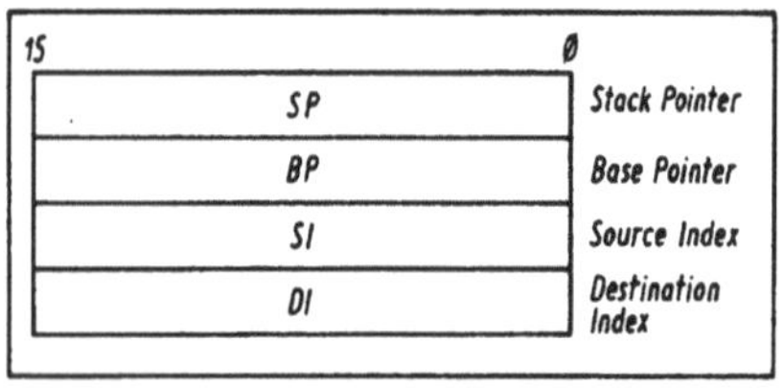

Bild 2.4 Pointer- und Indexregister

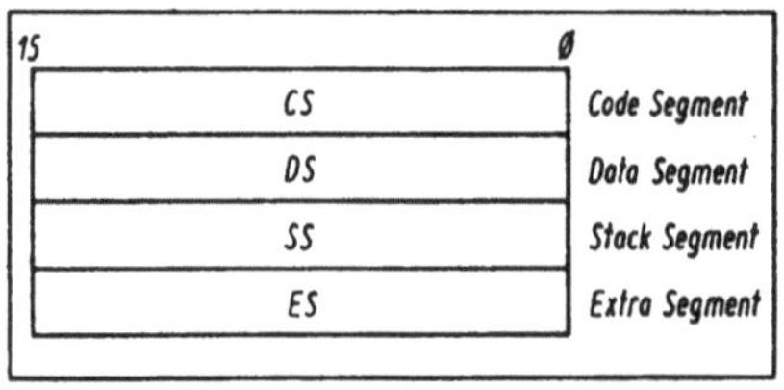

Bild 2.5 Segmentregister

Der Akkumulator AX wird vorzugsweise bei arithmetisch-logischen Operationen verwendet, und E/A-Befehle können nur über den Akkumulator ausgeführt werden. Das Base-Register BX dient zur Adressierung der Daten bei Speichertransfer-Operationen.
Das Count-Register CX wird bei LOOP- und Stringoperationen als Zählregister verwendet, und das Data-Register DX enthält bei einigen E/A-Operationen die 16-Bit-E/A-Adresse bzw. bei 16-Bit-Multiplikation/Division einen Teil des Ergebnisses.

2.1.1.3. Pointerregister

Über die 16-Bit-Pointerregister (Bild 2.4)

SP Stackpointer
BP Basepointer

werden Speicherplätze im Stacksegment adressiert. Der Stackpointer SP ermöglicht den Aufbau eines Stapels im Stacksegment. Mit dem Basepointer können zusätzliche Datentabellen im Stacksegment verwaltet werden.

2.1.1.4. Indexregister

Die 16-Bit-Indexregister (Bild 2.4)

SI Source-Index
SI Destination-Index

dienen zur Speicheradressierung bei Stringoperationen. Das SI-Register adressiert dabei den Quellbereich im Datensegment und das DI-Register den Zielbereich im Extrasegment.

Instruction-Pointer

Mit dem 16-Bit-Instruction-Pointer in der Bus-Interface-Unit erfolgt in Verbindung mit dem Code-Segment-Register die Adressierung von physischen Speicherplätzen bei Befehlsholezyklen.

2.1.1.5. Segment-Register

Die absolute Adressierung im 1-MByte-Speicherraum erfolgt mit Hilfe von 16-Bit-Segmentregistern (Bild 2.5):

CS Code-Segment
DS Data-Segment
SS Stack-Segment
ES Extra-Segment.

Jedes Segmentregister definiert einen 64-KByte-Bereich im Gesamtspeicherraum. Die Segmente müssen zu Beginn eines Programms geladen werden, und die Adreßbereiche können dabei auch überlappend festgelegt werden.
Das Code-Segment CS realisiert zusammen mit dem Instruction-Pointer die aktuelle Adresse des nächsten Befehls.
Das Stack-Segment SS realisiert z. B mit dem Stackpointer SP die aktuelle Adresse des Stapels bei PUSH, POP, CALL und RET-Operationen.
Mit dem Daten-Segment DS und z. B. dem BX-Register werden aktuelle Daten verwaltet.
Das Extra-Segment ES, als zusätzliches Datensegment, wird z. B. bei Stringoperationen eingesetzt.
Die Verwendung von Segmentregistern und Adreßregistern (IP, SP, BP, SI, DI, BX) erfolgt in definierten Zuordnungen, die im Abschnitt 2.1.3. erläutert werden.

2.1.1.6. Flagregister

Das 16-Bit-Flagregister (Bild 2.6) enthält im niederwertigen Teil 0...7 die aus dem System 8080 übernommenen Zustandsbits, deren Bedeutung denen im U880-System entsprechen (außer P-Flag). Im höherwertigen Teil 8...15 des Flagregisters sind folgende neue Zustandsbits aufgenommen.

T-Flag: Trap-Single Step

Dieses Zustandsbit wird beim Testen von Programmen eingesetzt und ermöglicht den softwaregesteuerten Einzelschrittbetrieb auch in ROM-Speicherbereichen. Wenn das T-Statusbit per Befehl auf 1 gesetzt wird, erfolgt am Ende des nächsten Befehls die Auslösung eines Software-Interrupts (vgl. Abschnitt Interrupt-Struktur).

I-Flag: Interrupt-Enable

Mit dem CPU-Befehl Interrupt-Enable wird das I-Flag = 1 gesetzt und damit der maskierbare Interrupt zugelassen. Nach einer Interruptannahme oder nach Ausführung des CPU-Befehls Interrupt-Disable erfolgt ein Rücksetzen des I-Flag und damit Interruptsperre.

D-Flag: Direction

Das D-Flag beeinflußt die Richtung des Datentransfers bei Stringoperationen. Bei Setzen des D-Flag = 1 mit dem CPU-Befehl Set-Direction erfolgt bei Stringoperationen automatisch ein Adressendekrement der Indexregister SI, DI. Mit dem CPU-Befehl Clear-Direction (D = 0) wird ein Auto-Inkrement von SI und DI realisiert.

O-Flag: Overflow

Bei arithmetisch-logischen Operationen wird das Carry-Bit in einer Exclusive-Oder-Verknüpfung mit dem Übertrag von Bit 6 nach Bit 7 zum Overflow-Flag verknüpft. Wenn das Overflow-Flag im Ergebnis einer Operation gesetzt und anschließend der Software-Interrupt-Befehl INTO ausgeführt wurde, erfolgt die Durchführung einer Interrupt-Service-Routine (vgl. Abschnitt Interrupt-Struktur).

2.1.2. Elektrische Signale und Anschlüsse

Die Anschlüsse der CPU (Bild 2.1) sollen nur in der Betriebsart Maximum-Mode (Anschluß MN/$\overline{\text{MX}}$ = 0) erläutert werden; die Betriebsart Minimum-Mode hat sich in der applikativen Praxis nicht durchgesetzt.
Die CPU-Signale können in die Kategorien
– Adreßsignale
– Datensignale
– Statussignale
eingeteilt werden. Eine Reihe der Anschlüsse ist zeitmultiplex ausgelegt.

Adreß- und Datensignale/Statussignale
AD0...AD15 (input, output, tristate)

Im Takt T1 (vgl. Bild 1.2) werden bei Speicher- und E/A-Operationen die Adressen A0...A15 ausgegeben, in den nachfolgenden Takten T2 und T3 erfolgt der Datentransfer D0...D15.

A16/S3; A17/S4; A18/S5; A19/S6 (output, tristate)

An diesen 4 Anschlüssen werden bei Speicheroperationen im Takt T1 die höherwertigen Adressen A16 ... A19 gültig, bei E/A-Operationen sind diese Ausgänge low. Bei Speicher und E/A-Operationen sind während der Takte T2, T3, T4 die Statusinformationen S3, S4, S5 und S6 aktiv.
In S3 und S4 ist der Zugriff auf die Segmentregister im aktuellen Buszyklus nach folgender Vorschrift kodiert:

S4	S3	Bedeutung
0	0	Extra-Segment
0	1	Stack-Segment
1	0	Code-Segment oder kein Segment
1	1	Datensegment.

Die Statussignale enthalten folgende Angaben:
S5 Wert des Interrupt-Enable-Flag
S6 = 0; CPU ist aktueller Bus-Master
= tristate; CPU hat Buskontrolle abgegeben

$\overline{BHE}$/S7 (output, tristate)

Im Takt T1 erfolgt die Ausgabe des Speicherbank-Signales $\overline{BHE}$, der Status S7 in den Takten T2 ... T4 ist nicht näher definiert. Die Statussignale S3 ... S4 werden von den systemeigenen Schaltkreisen nicht ausgewertet.

$\overline{S0}$, $\overline{S1}$, $\overline{S2}$ (output, tristate)

Die Statussignale $\overline{S0}$, $\overline{S1}$, $\overline{S2}$ geben Informationen für den Buscontroller entsprechend der Kodierung von Abschnitt 1.

QS0, QS1 (output)

Die Statusbits QS0, QS1 werden von den Coprozessoren ausgewertet und geben Auskunft über den aktuellen Zustand im Zwischenspeicher des CPU-Instruction-Queue.

QS1	QS0	
0	0	keine Operation
0	1	erstes Byte eines Befehls wurde dem Instruction-Queue entnommen
1	0	Instruction-Queue ist leer
1	1	ein nachfolgendes Byte wurde dem Instruction-Queue entnommen

Diese Statusbits gelten während des Taktes nach einer Operation im Instruction-Queue.

Steuersignale
RESET (input, output, high-aktiv)

Das RESET-Signal, vom Clockgenerator 8284A einsynchronisiert, führt ein Rücksetzen der CPU durch. Danach stellt sich in der CPU folgender Zustand ein:
– Inhalt des Code-Segments = FFFFH
– Inhalt des Instruction-Pointers = 0000 damit lautet die physische Adresse des ersten Befehls FFFF0H
– Inhalt von Daten-, Stack- und Extra-Segment = 0000
– Rücksetzen aller Bits des Statusregisters (Interruptsperre, kein single-step).

INTR (input, high-aktiv)

Die pegelaktive Interruptanforderung wird im letzten Takt jedes Befehls abgefragt. Falls Interruptfreigabe gesetzt wurde und an INTR High-Pegel anliegt, erfolgt ein Interrupt-Annahmezyklus mit Generierung des Interrupt-Bestätigungssignals INTA durch den Buscontroller 8288 (vgl. Abschnitt Interrupt-Struktur).

NMI (input, high-aktiv)

Der flankengetriggerte NMI für den nichtmaskierbaren Interrupt wird im letzten Takt eines jeden Befehls abgefragt. Die Startadresse für die Interrupt-Service-Routine liest die CPU aus den Speicherplätzen 0008H ... 000BH.

READY (input, high-aktiv)

In Verbindung mit dem Clockgenerator 8284A erfolgt die WAIT-Steuerung der CPU (vgl. Abschnitt 2.2).

$\overline{TEST}$ (input, low-aktiv)

Nach Dekodierung eines WAIT-Befehls fragt die CPU den $\overline{TEST}$-Eingang ab. Es werden so lange keine weiteren Befehle eingelesen, bis $\overline{TEST}$ = low wird (vgl. Abschnitt Coprozessoren).

$\overline{RQ}/\overline{GT0}$, $\overline{RQ}/\overline{GT1}$ (input, output)

Die $\overline{RQ}/\overline{GT}$-Anschlüsse (0 = höhere, 1 = niedere Priorität) werden bei Anwesenheit weiterer Master im Local-Bus benutzt (DMA-Betrieb, Coprozessoren).
Die Anschlüsse sind bidirektional ausgeführt, und durch eine zeitlich genau definierte Folge von 3 Impulsen wird der Bus-Annahme- und Bus-Rückgabezyklus durchgeführt (vgl. Abschnitt Coprozessoren).

$\overline{LOCK}$ (output, tristate)

Ein Präfix LOCK vor einem Befehl bewirkt, daß während des nächsten Befehls der $\overline{LOCK}$-Ausgang aktiv = low wird. Damit wird anderen Coprozessoren mitgeteilt, daß während dieses geschützten Befehls keine Busübergabe stattfinden darf (vgl. Abschnitt Coprozessoren).

CLK (input)

Der CLK-Eingang der CPU ist mit dem entsprechenden Ausgang des Clockgenerators 8284A zu verbinden und realisiert den Systemtakt.

$\overline{RD}$ (output, tristate)

Ein Low-Pegel an diesem Ausgang signalisiert einen Speicherlese- oder Eingabezyklus. In Maximum-Mode wird dieses Signal kaum verwendet.

2.1.3. Speicheradressierung

Die Generierung der 20-Bit-physischen Speicheradresse im System 8086 erfolgt durch Addition von 2 Bestandteilen:
– 16-Bit-Basisadresse (Inhalt eines der Segmentregister CS, DS, SS, ES)
plus
– 16-Bit-Effektive-Adresse (Offset, Inhalt eines der Adreßregister IP, SP, BP, SI, DI, BX).

Die Bus-Interface-Unit BIU führt automatisch die Addition von Basis- und Offsetadresse nach folgendem Modus durch (Bild 2.7).
– Verschiebung des Inhaltes des Segmentregisters um 4 Bit-Positionen nach links, Auffüllung der Tetrade mit 0000
– Addition mit der Effektiven Adresse.

Ein Beispiel zur Realisierung einer konkreten physischen Adresse ist in Bild 2.8 dargestellt. Durch diese Aufteilung von Basis- und Offsetadresse wird der 1-MByte-Speicherraum in vier frei wählbare Segmente zu je 64 KByte

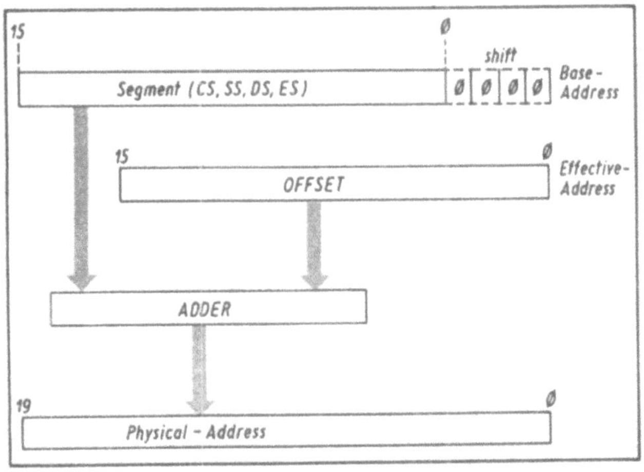

Bild 2.7 Adreßbildung mit Segment-Registern

Bild 2.8 Beispiel zur Bildung der physikalischen Adresse bei einem Befehlsholezyklus

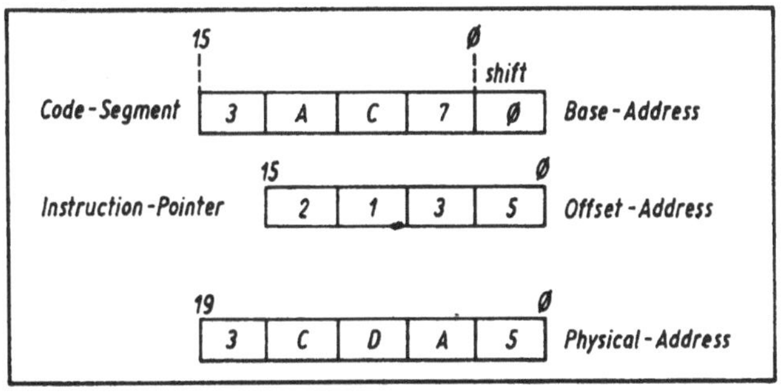

aufgeteilt. Die Segmentregister können eine beliebige Zahl enthalten und zeigen auf den Nullpunkt eines 64-KByte-Segment-Speicherraumes. Eine absolute Adresse ist nun innerhalb dieses Segment-Speicherraumes festgelegt. Der Abstand der Segment-Nullpunkte zueinander ist n × 16 Byte (n = 0,1 ... 64K). Durch Einführung der Segmentierung wird auch eine klare logisch-physische Trennung von Programmen (CS im ROM), Daten (DS und ES im RAM) und Stack (SS im RAM) erreicht. Im 8086-Befehlssatz mit seinen Adressierungsmodi ist eine Standard-Zuordnung der Register für die Bildung der Effektiven Adresse (Operanden-Register) mit den Segmentregistern festgelegt (Bild 2.9). Eine unveränderliche Zuordnung haben folgende Operandenregister:

- Instruction-Pointer, IP
- Stack-Pointer, SP
- Destination-Index, DI.

Damit sind folgende konstante Beziehungen realisiert:

1. Befehlsholezyklen werden grundsätzlich im Code-Segment zusammen mit dem Instruction-Pointer durchgeführt.
2. Alle Befehle, die den Stack-Pointer benutzen (PUSH, CALL usw.), werden grundsätzlich im Stacksegment wirksam.
3. Stringbefehle, die bei der Adreßbildung den Inhalt des Destination-Index-Registers verwenden, entnehmen die Basisadresse immer dem Extrasegmentregister.

Bei der Adressierung mit Hilfe der Operanden-Register

- Base-Pointer, BP
- Base-Register, BX
- Source-Index, SI

kann durch ein Override-Präfix (1 Byte) vor dem Befehl die feste Zuordnung aufgehoben und ein beliebiges anderes Segmentregister zur Bildung der Basisadresse herangezogen werden (z. B. JMP CS : BP, Sprung auf eine Adresse im Codesegment, deren Offset durch den Inhalt von BP festgelegt ist).
Die Anwendung der Operandenregister zur Adressierung wird im Abschnitt Adressierungsmodi genauer erläutert.

2.2. Clockgenerator 8284A

Der Clockgenerator 8284A in der 8086-Systemarchitektur nach Bild 1.1 besitzt mit den Anschlüssen nach Bild 2.10 die Funktionseinheiten (Bild 2.11)

- Takterzeugung
- READY/WAIT-Steuerung
- RESET-Steuerung.

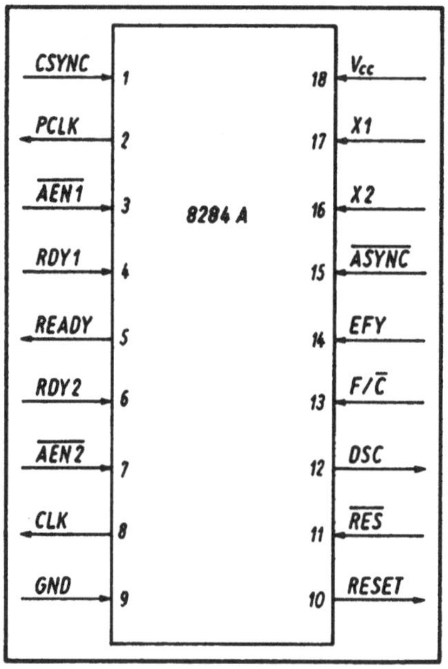

Bild 2.10 8284A-Clockgenerator

2.2.1. Takterzeugung

Die Funktion der Takterzeugung ist in Bild 2.11 dargestellt. Die Frequenz des Quarz-Oszillators wird zur Generierung von CLK einem 1:3-Teiler zugeführt. PCLK entsteht durch 1:2-Teilung aus CLK.
Zur Takterzeugung im System 8086 (Bild 2.10) werden folgende Anschlüsse des 8284A benötigt:

X1, X2 Chrystal-in (input)
An diese Pins wird der externe Quarz zur Erzeugung des Systemtaktes CLK angeschlossen. Die Quarz-Frequenz ist 3mal größer als die erforderliche Systemtakt-Frequenz.

F/C̄ Frequency/Chrystal Select (input)
Wenn dieser Eingang statisch gleich low gelegt wird, erfolgt die Realisierung des Systemtaktes durch den an X1, X2 angeschlossenen Quarz. Wenn F/C̄ gleich high ist, wird CLK durch eine an das pin EFI anzulegende externe Taktversorgung generiert.

EFI External Frequency (input)
Die externe Frequenz muß 3mal größer sein als die erforderliche Frequenz des Systemtaktes.

CSYNC Clock Synchronization (input, high-aktiv)
Der CSYNC-Eingang wird bei externer Taktversorgung mit EFI-pin benötigt und erlaubt, mehrere 8284A-Clockgeneratoren miteinander zu synchronisieren. Wenn nur ein Clockgenerator mit Quarz verwendet wird, ist CSYNC mit Masse zu verbinden.

CLK Prozessor Clock (output)
Der unsymmetrische Systemtakt CLK mit der Frequenz gleich 1/3 Quarzfrequenz dient zur Taktversorgung für CPU und Buscontroller. Der H-Pegel (4,5 V) beträgt 1/3 und der L-Pegel 2/3 der Zyklusperiode (Bild 1.2).

PCLK Peripheral Clock (output)
Der Peripherietakt PCLK ist ein symmetrisches Signal mit der Frequenz gleich 1/2 CLK

Bild 2.11 8284A-Funktionsbild

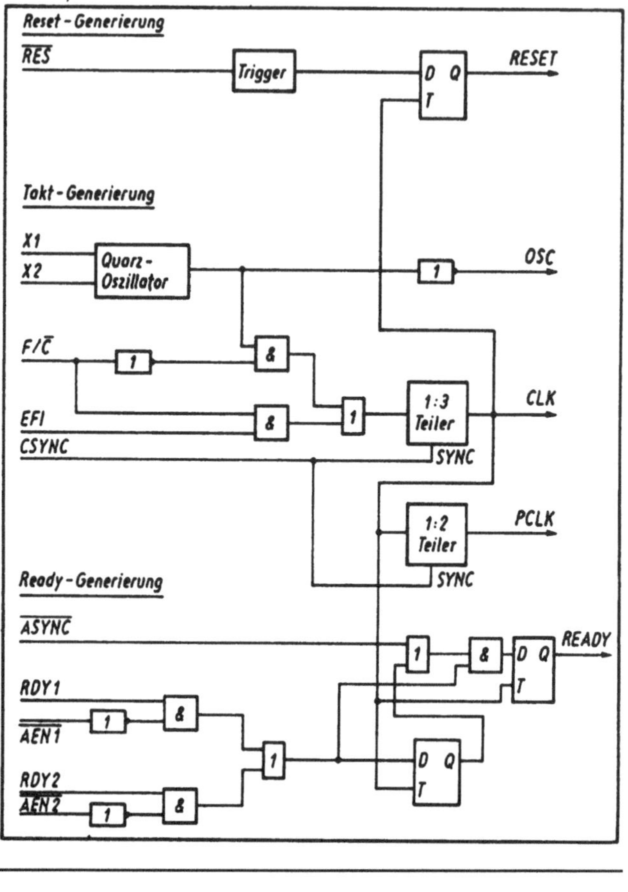

Bild 2.9 Zuordnung der Operanden-Register zu den Segmenten

Effektive Adresse mit Operanden-Register	Standard-Zuordnung Segment-Register	Alternative Segmente mit Override-Prefix
Instruction-Pointer, IP	Code-Segment, CS	nein
Stack-Pointer, SP	Stack-Segment, SS	nein
Base-Pointer, BP	Stack-Segment, SS	ja
Base-Register, BX	Data-Segment, DS	ja
Source-Index, SI	Data-Segment, DS	ja
Destination-Index, DI	Extra-Segment, ES	nein

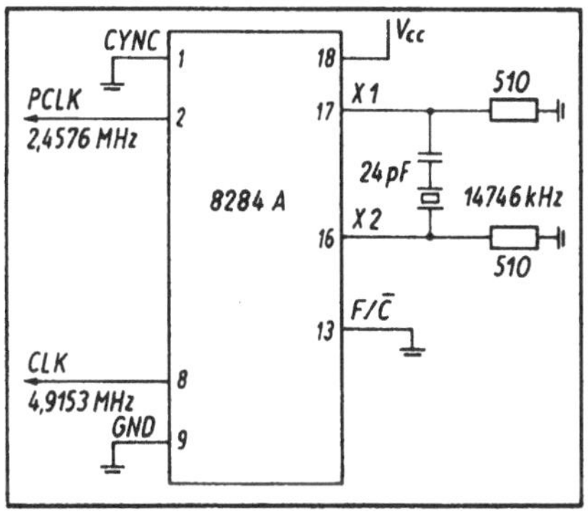

2.12

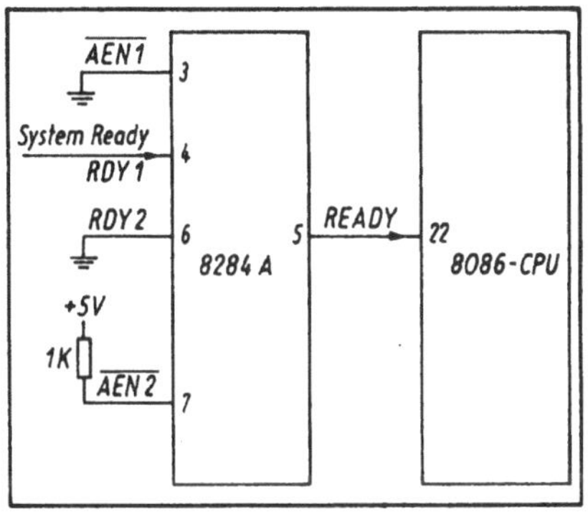

2.13

Bild 2.12 Realisierung eines 5 MHz-Systemtaktes

Bild 2.13 System-Ready mit RDY1, $\overline{AEN1}$

Bild 2.14 Zeitverläufe im CPU-RUN-Modus

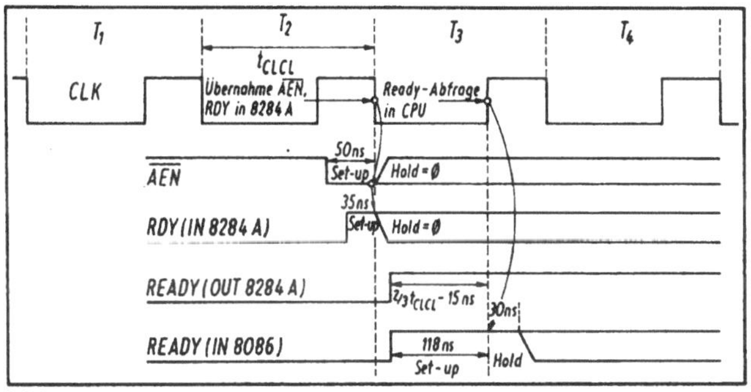

2.14

und TTL-Pegel. PCLK wird für die Taktversorgung einiger Interface-Schaltkreise verwendet (z. B. 8251A-USART).

OSC Oscillator (output)

Der Takt OSC besitzt die Quarz-Frequenz mit TTL-Pegel und dient zum Treiben weiterer Clockgeneratoren an deren Eingang EFI. Eine applikative Lösung zur Realisierung des praxisrelevanten Systemtaktes 4,9152 MHz und damit der doppelten K-1520-Taktfrequenz ist in Bild 2.12 dargestellt. Die Serienwiderstände 510 Ohm an den Eingängen X1, X2 sind zur Stabilitätssicherung zwingend erforderlich.

2.2.2. READY-Synchronisation

Das System 8086 ist so ausgelegt, daß bei jedem Datentransfer eine Bestätigung von den Speichern bzw. E/A-Einheiten an die CPU erfolgt. Die Synchronisation der peripheren Bestätigung mit dem CPU-Buszyklus erfolgt im Clockgenerator 8284A durch folgende Anschlüsse (vgl. Bild 2.10, Bild 2.11):

RDY1, RDY2 Bus Ready-Transfer complete (input, high-aktiv)

Die Realisierung der Busbestätigung in Multi-Master-Systemen erfolgt an gleichwertigen Bestätigungseingängen RDY1, RDY2. Ein aktiver High-Pegel an RDY signalisiert von den peripheren Einheiten, daß die Daten empfangen bzw. gesendet wurden und der RUN-Betrieb der CPU erfolgen kann.

$\overline{AEN1}$, $\overline{AEN2}$ Access-Enable (input, low-aktiv)

Jeder der Bus-Ready-Eingänge RDY1, RDY2 besitzt ein Torsignal $\overline{AEN1}$, $\overline{AEN2}$. Entsprechend Bild 2.11 erfolgt eine UND-Verknüpfung von RDY1&AEN1 bzw. RDY2&AEN2, die Ausgänge der UND-Gatter sind über eine ODER-Verknüpfung und Synchronisation mit CLK zum Ausgang READY geführt.

READY (output, high-aktiv)

Der READY-Ausgang des Clockgenerators 8284A wird mit dem entsprechenden Eingang der 8086-CPU verbunden. Ein High-Pegel an READY-OUT-8284A gibt die synchronisierte Information für den RUN-Betrieb an die CPU weiter. READY gleich Low versetzt die CPU in einen WAIT-Zustand. Die Beschaltung des Clockgenerators 8284A zur Realisierung des RUN-Modus (System-Ready gleich High) und des WAIT-Modus (System-Ready gleich Low) über RDY1, $\overline{AEN1}$ ist in Bild 2.13 dargestellt (logische Verknüpfung von Bild 2.11 beachten!).

Wirkungsabläufe
RUN-Modus

Zur Realisierung des CPU-RUN-Modus ohne Warteschritte benötigt die CPU (vgl. Bild 2.14) ein high-aktives READY-IN-Signal mit der Set-up-Zeit von 118 ns vor der steigenden Flanke im Takt T 3. Die Übernahme der Bestätigungssignale RDY, $\overline{AEN}$ in den Clockgenerator 8284A erfolgt mit CLK am Ende von T 2. Zur internen Synchronisation müssen RDY, $\overline{AEN}$ mit den angegebenen Set-up-Zeiten aktiviert werden, um einen sicheren RUN-Betrieb zu gewährleisten. Für einen permanenten RUN-Modus ist in Bild 2.13 RDY1 konstant gleich high zu legen.

WAIT-Modus

Die pins RDY, $\overline{AEN}$ können auch zur Realisierung eines WAIT-Modus verwendet werden, was am Beispiel der Einfügung eines WAIT-Schrittes in jeden Buszyklus erläutert werden soll (Bild 2.15).
Das Eingangssignal RDY (mit $\overline{AEN}$ gleich low) wird mit der Set-up-Zeit 35 ns vor dem Ende von T 2 inaktiv gleich low gesetzt (WAIT). Diese Information wird mit der steigenden Flanke von T 3 durch die CPU an READY abgefragt und nach T 3 ein WAIT-Zyklus Tw eingefügt. Wenn RDY vor dem Ende T 3 wieder aktiv gleich high gesetzt wird, dann folgt nach dem WAIt-Schritt Tw der Takt T 4, und der Buszyklus wird beendet.
In der applikativen Praxis ist der Generierung des RDY-Signals besondere Aufmerksamkeit zu widmen. Infolge von Verzögerungszeiten der verwendeten zusätzlichen Logikschaltkreise müssen erhebliche Toleranzgrenzen für die angegebenen Zeitbeziehungen eingehalten werden. Zur Erzeugung eines oder mehrerer WAIT-Schritte muß daher RDY bereits im Takt T 1 gleich low sein, also z. B. aus den Systemsignalen ALE oder $\overline{S0}$, $\overline{S1}$, $\overline{S2}$; AB0 ... AB19 abgeleitet werden (vgl. Bild 2.15). Eine Verknüpfung von RDY mit den Steuersignalen $\overline{MRDC}$, $\overline{MWTC}$, $\overline{AMWC}$, $\overline{IORC}$, $\overline{AIOWC}$, $\overline{INTA}$ des Buscontrollers 8288 ist zur WAIT-Auslösung nicht möglich.

2.2.3. RESET-Steuerung

Die Synchronisation des RESET-Timings erfolgt über den $\overline{RES}$-Eingang des 8284A zum RESET-Eingang der 8086-CPU (Bild 2.16). Die CPU benötigt ein mindestens 4 Takte langes high-aktives Eingangssignal RESET.

Der $\overline{RES}$-Eingang im 8284A wird über einen Schmitt-Trigger und Synchronisation mit CLK zum RESET-OUT-8284A geführt, der von der CPU abgetastet wird. Während des RESET-Timings sind die Signale des 8086-Bussystems inaktiv bzw. tristate. Die Statussignale $\overline{S0}$, $\overline{S1}$, $\overline{S2}$, die zuerst passiv-, dann tristate-Verhalten aufweisen, sind über interne pull-up-Widerstände im Buscontroller 8288 geführt, so daß entsprechend Bild 1.1 das gesamte 8086-System während des RESET-Timings einen inaktiven Zustand einnimmt. Eine applikative Lösung ohne power-on-RESET zeigt Bild 2.17.

2.3. *Bus Controller 8288*

Der bipolare Bus Controller 8288 (Bild 2.18) im 20-pin-DIL-Gehäuse generiert aus den CPU-Steuersignalen $\overline{S0}$, $\overline{S1}$, $\overline{S2}$ den Steuerbus des 8086-Systems (vgl. Abschnitt 1.4. und Bild 1.1).
Für die Anwendung in System-Bus-Mode in der Konfiguration von Bild 1.1 sind folgende Anschlüsse von Bedeutung:
$\overline{S0}$, $\overline{S1}$, $\overline{S2}$ Status (input)
Diese Eingangsleitungen werden mit den entsprechenden Signalen der 8086-CPU verbunden. Die Kodierung des Status ist in Abschnitt 1.1. dargestellt.

CLK Clock (input)
Systemtakt vom 8284A-Clockgenerator

IOB Input/Output Bus Mode (input)
$\overline{AEN}$ Address Enable (input)
In System-Bus-Mode nach Bild 1.1 sind die Eingänge IOB, $\overline{AEN}$ auf Masse zu legen.

CEN Command Enable (input)
Wenn der CEN-Eingang auf Low gelegt wird, dann nehmen die 8288-Command-Outputs den tristate-Zustand ein (DMA-Betrieb). Im Single-CPU-Modus ist der CEN-Eingang auf High-Potential zu legen.

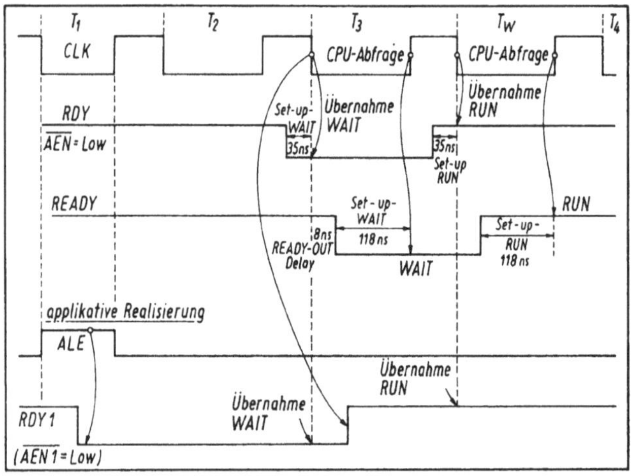

Bild 2.15 Zeitverläufe im CPU-WAIT-Modus mit einem WAIT-Zyklus

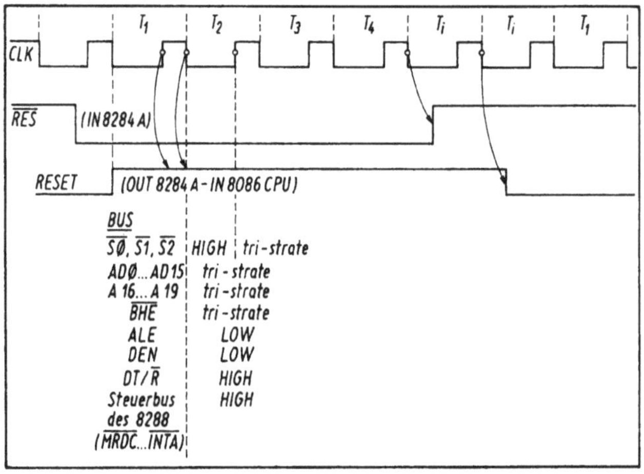

Bild 2.16 RESET-Timing

Die Command Outputs (Iol = 32 mA)
- MRDC;
- MWTC;
- IORC;
- IOWC;
- AMWC;
- AIOWC;
- INTA

werden zum Steuerbus des Systems 8086 geführt.

Die Control Outputs (Iol = 16 mA)
- ALE;
- DEN;
- DT/R

stellen die Steuersignale für die Address-Latches und die Bustreiber dar. Der zeitliche Verlauf von Command- und Control-Outputs ist in Bild 1.2 dargestellt. Die Beschaltung des Bus Controllers 8288 für eine Systemarchitektur nach Bild 1.1 ist in Bild 2.19 vorgestellt.

Literatur

/1/ MCS-86 User's Manual, Intel-Corp.
/2/ R. Rector, G. Alexy: Das 8086/8088-Buch, te-wi Verlag, 1982

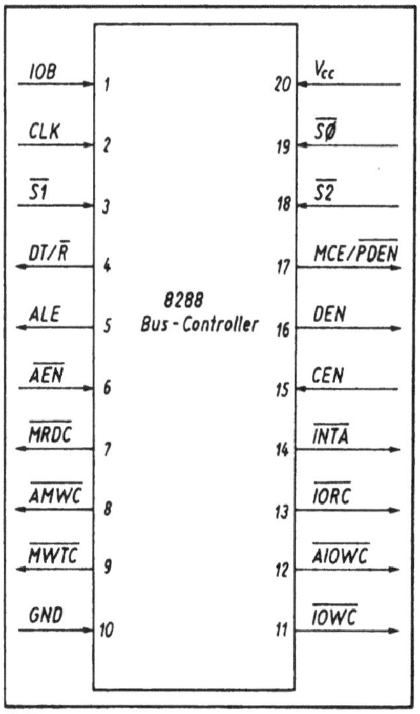

2.18

Bild 2.17 RESET-Generierung

Bild 2.18 Bus Controller 8288

Bild 2.19 Bus Controller 8288 in System Bus Mode

Termine

Fachtagung Neue Erkenntnisse Mikroelektronik/Mikrorechentechnik

WER? Bezirksverband Halle der KDT

WANN? 3. und 4. Mai 1988

WO? Wittenberg, Kreiskulturhaus „Maxim Gorki"

WAS?
- 16-Bit-Prozessortechnik
- Bauelemente für Mikrorechner und periphere Baugruppen
- Stromversorgung von mikroelektronischen Baugruppen und Geräten
- Softwaretechnologie

WIE? Anfragen an Kammer der Technik, Bezirksverband Halle, Geschwister-Scholl-Str. 39, Halle, 4030

Große

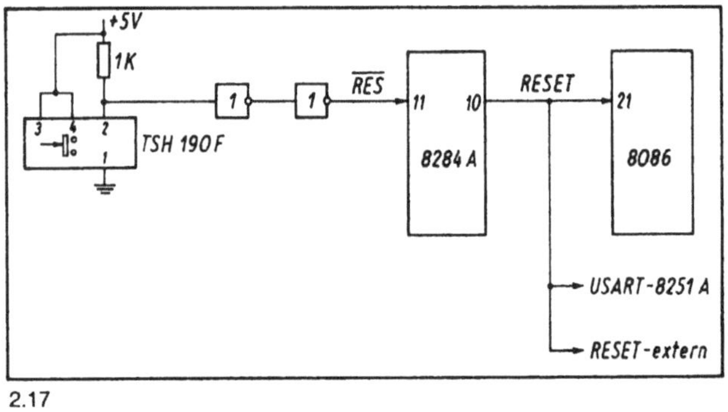

2.17

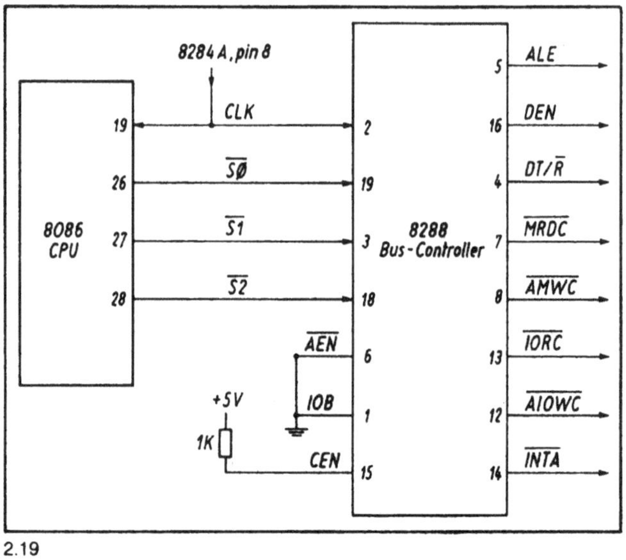

2.19

Eine FORTH-Systemfamilie

Dr. Michael Krapp, Jörg Richter,
Jan Schwartz,
Technische Hochschule Ilmenau, Sektion Technische und Biomedizinische Kybernetik

1. Einführung

Im Heft 6/87 der Mikroprozessortechnik wurde die ungewöhnliche Konzeption von FORTH bereits übersichtsmäßig dargestellt /1/; das gleiche Heft beinhaltet außerdem Beiträge zu speziellen Aspekten von FORTH-Implementierungen und -Anwendungen /2/, /3/. Diese und weitere Veröffentlichungen im In- und Ausland sind allgemein verfügbar und erübrigen eine nochmalige Darstellung der FORTH-Philosophie an dieser Stelle /4/ ... /10/. Seit 1982 wird an der Sektion Technische und Biomedizinische Kybernetik (TBK) der TH Ilmenau FORTH als Basis einer Programmierumgebung für Steuerungssysteme in Industrierobotern und flexiblen Fertigungsanlagen genutzt /11/ ... /15/. Dabei wurden sehr gute Erfahrungen hinsichtlich Programmierproduktivität und -qualität gemacht. Als spezifische Vorteile erwiesen sich folgende Eigenschaften, welche (neben den üblichen, aus anderen Hochsprachen bekannten Konstruktionen) FORTH auszeichnen:

- Die implizite Parameterübergabe zwischen FORTH-Worten über den Datenstapel ermöglicht eine inkrementelle Compilation, wodurch nach jedem Compilationsschritt schon während der Programmentwicklung interaktive Tests zwecks Semantik-Kontrolle eingeschoben werden können.
- Die einheitliche Strukturierung und Verwaltung von Datenobjekten und Programmen des Grundsystems sowie aller Anwendererweiterungen in Form von FORTH-Worten läßt Betriebs- und Anwendersystem, Kommando- und Programmiersprache ineinander übergehen.
- Die Kombination von Compilation (als Teil der Quelltextinterpretation) in einen speziellen Zwischencode (threaded code) und Interpretation dieses Zwischencodes (Compilatinterpretation) führt zu schneller Programmabarbeitung bei geringem Speicherplatzbedarf.
- FORTH ist transparent, da das Grundsystem selbst zu ca. 80 % in FORTH geschrieben ist und sich als Quell-Liste oder über einen Recompiler selbst dokumentiert. Der FORTH-Zwischencode erlaubt eine fast eindeutige Rückübersetzung in den Quellcode.
- Das FORTH-Grundsystem führt bei Compilation nur die notwendigsten Syntaxkontrollen durch, abgewiesen werden nur Aufrufe nicht existierender FORTH-Worte und nicht abgeschlossene strukturierte Steueranweisungen. Typprüfungen fehlen vollständig, die Laufzeitkontrolle beschränkt sich auf Überwachung des Datenstapel-Überlaufes in der Aufrufschleife. Damit werden dem Programmierer alle Freiheiten zur Systemoptimierung offen gehalten.

Die genannten Vorteile sind nicht unumstritten. Der erste hat die wenig beliebte UP-Notation mit impliziter Parameterübergabe zur Folge, der zweite und dritte verhindern eine Trennung in Code- und Datensegmente, der vierte verlangt eine relativ gute Kenntnis des FORTH-Mechanismus und der fünfte gar läßt alle möglichen „Tricks" zu, wie sie etwa im Bereich der Maschinenprogrammierung möglich sind. Deshalb muß man FORTH als Systemprogrammiersprache einstufen; sie entfaltet ihre Stärke nur bei guter Systemkenntnis und hoher Programmierdisziplin des Programmierers. Die fehlende Dokumentation der Parameterübergabe im Quelltext kann z. B. durch gute Kommentierung völlig kompensiert werden. Syntax- und Laufzeitkontrollen können durch saubere Programmierung und modularen Test unnötig gemacht oder bei ausdrücklicher Forderung im Sinne einer Spracherweiterung hinzugefügt werden. Auf diese Weise kann z. B. eine Fachsprache mit hoher Bedienersicherheit entwickelt werden, wobei FORTH für den Anwender als Basissystem unsichtbar bleibt.
Damit wird deutlich, daß ein direkter Vergleich zwischen konventionellen Programmiersprachen und FORTH nicht relevant ist. FORTH ist vielmehr als „Werkzeugkasten" für Fachsprachen u. ä. zu verstehen.
Im Rahmen der Untersuchungen zu FORTH entstanden an der Sektion TBK in den letzten Jahren u. a. drei nachnutzbare FORTH-Versionen für U880-Mikrorechner, welche gemeinsam eine Systemfamilie bilden und nachfolgend vorgestellt werden sollen. Alle drei Versionen – mit den Namen scpFORTH, singleFORTH, multiFORTH – sind im Grundwortschatz, welcher sich an fig-FORTH orientiert, identisch. Sie unterscheiden sich in der Nähe zur Rechnerhardware und in der Fähigkeit, Echtzeitanforderungen der Prozeßumgebung zu erfüllen sowie Parallelarbeit zu simulieren. Gegenüber fig-FORTH bestehen die in Tafel 1 dargestellten Abweichungen. Alle Änderungen dienen entweder der Beschleunigung der Programmabarbeitung oder der Vereinfachung des Mensch-Maschine-Dialogs. So bringt z. B. die Umstellung einiger Worte von pfa auf cfa Laufzeitgewinne. Die Fehlermeldung von (NUMBER) und NUMBER wird zur Vermeidung von unbedingten Programmabbrüchen in die Hand des Programmierers gelegt, n1 ist die aktuelle Zahlenbasis. Demgegenüber wird in ERROR eine automatische Anzeige des Fehlerortes organisiert. ?KEY legt im Unterschied zu ?TERMINAL den Tastencode auf den Datenstapel, fehlende Tastenbetätigung ergibt n = 0.
CREATE gestattet in der modifizierten Variante in Verbindung mit ALLOT die unmittelbare Definition von Datenfeldern; die CREATE benutzenden Worte wie CONSTANT usw. sind intern entsprechend geändert worden, so daß für den Nutzer kein Unterschied zu fig-FORTH entsteht. VLIST läßt sich mit ^C abbrechen, jede andere Taste unterbricht nur die Wörterbuchausgabe bzw. setzt diese fort. Mit Hilfe von Tafel 1 lassen sich fig-FORTH-Programme leicht in das hier verwendete Format konvertieren.
Um Anwendungen mit 32-Bit-Integerzahlen zu unterstützen, wurde das Grundsystem um eine entsprechende Wortgruppe erweitert. Deren Syntax ergibt sich aus der 16-Bit-Arithmetik durch vorangestelltes „D" (DDUP, DDROP, usw.). Die Terminaleingabe von 32-Bit-Zahlen wird durch einen abschließenden Punkt gekennzeichnet.

2. scpFORTH

Die Version scpFORTH ist als COM-Datei (SCPFORTH.COM) unter CP/M-kompatiblen Betriebssystemen lauffähig (z. B. SCP) und ist somit an jedem Arbeitsplatzrechner verfügbar. Die FORTH-I/O-Schnittstelle ist vollständig an BDOS angeschlossen. Über das FORTH-Wort BDOS kann der Nutzer selbst diese Schnittstelle erreichen. Die Arbeit mit Screens (1-KByte-Quelltextdateien) erfolgt fig-FORTH-typisch, die Screens werden aber zusätzlich von FORTH und SCP in sogenannten Screen-Dateien vom Typ SCR verwaltet.
Zum Umschalten auf andere oder zum Erzeugen neuer Screen-Dateien wird das Wort USING: verwendet, welchem der gewünschte Dateiname folgt. Innerhalb jeder Screen-Datei kann wie in fig-FORTH üblich mit einzelnen Screens gearbeitet werden; deren Numerierung beginnt also jeweils mit 0. Das Wort ?USING informiert den Benutzer über die aktuell eingeschaltete Datei. Deren Größe kann mit FILE+ bzw. FILE− in Screen-Portionen verändert werden. Die Systemvariable MAXSCR enthält die aktuell größte Screen-Nr. SCR-Dateien können mit SETRO schreibgeschützt werden, SETWR hebt diesen Schreibschutz auf. Mit BYE kann man in das SCP-Wirtsbetriebssystem zurückkehren.
Tafel 2 gibt einen Überblick über den scpFORTH-spezifischen Wortvorrat, welcher durch den Nutzer bei Bedarf erweitert werden kann. Zu beachten sind die SCP-bedingten Änderungen von ABORT und MESSAGE gegenüber fig-FORTH bzw. singleFORTH und multiFORTH.
Mit scpFORTH sind Programmentwicklungen auf FORTH-Niveau ohne Einschränkungen möglich. Problematisch sind komplette Systementwicklungen für Steuerungen, da SCP die Speicheraufteilung festlegt, welche nicht mit den gerätespezifischen Forderungen übereinstimmen muß. Nicht sinnvoll sind unter SCP außerdem Entwicklung und Test von Echtzeitprogrammen in Interruptumgebung, da SCP nicht wiedereintrittsfähig (reentrant) ist.

Dr. Michael Krapp wurde als Autor bereits in MP 1/88, S. 11, vorgestellt.

Dipl.-Ing. Jörg Richter (29) studierte von 1980 bis 1984 an der Technischen Hochschule Ilmenau, Sektion Technische und Biomedizinische Kybernetik. Anschließend folgte ein Forschungsstudium bis 1987. Die Forschungsarbeiten betrafen Multitask-/Echtzeitbetriebssysteme und Multiprozessorsysteme. Seit September 1987 ist Jörg Richter im Kombinat Carl Zeiss JENA als Entwicklungsingenieur tätig.

Dipl.-Ing. Jan Schwartz (32) studierte von 1977 bis 1982 an der Technischen Hochschule Ilmenau; Diplomabschluß auf dem Gebiet Technische Kybernetik und Automatisierungstechnik. Seitdem arbeitet er im VEB Robotron-Rationalisierung Weimar an Software-Entwicklungen für Montage-Industrieroboter. Seit 1984 beschäftigt er sich im Auftrag seines Betriebes an der TH Ilmenau im Wissenschaftsbereich Technische Informatik der Sektion TBK mit Betriebssystemen und Fachsprachen für flexible Automatisierungstechnik.

3. singleFORTH

Mit singleFORTH liegt ein Sytem vor, welches durch Ergänzung um gerätespezifische Treiber zu einem eigenständigen Betriebssystem wird (stand-alone-system). Es ist im Grundwortschatz kompatibel zu scpFORTH, die I/O-Worte für Terminal und Floppy entsprechen fig-FORTH, realisieren also einfache Handlerfunktionen (KEY, EMIT, R/W).
Ausgehend von den ASM-Quellen oder Objektdateien kann der Systemprogrammierer also ein auf die speziellen Belange zugeschnittenes Gerätebetriebssystem generieren. Dabei kann er durch Entkopplung der Treiberaufrufe, durch Wiedereintrittsfähigkeit der Treiber, durch Einrichtung mehrerer USER-Variablenbereiche und durch sinnvolle Positionierung der Interrupttabelle optimale Voraussetzungen für einen Echtzeitbetrieb in Interruptumgebung schaffen. Dabei sind im Einzelfall nicht alle genannten Maßnahmen notwendig; für Anwendungen in Robotersteuerungen des VEB Robotron-Rationalisierung Weimar liegt z. B. eine konkrete Implementierung für das Gerät K 8915 des VEB Robotron-Elektronik Zella-Mehlis vor. Der Anwender ist mit einem solchen System in der Lage, im einfachsten Falle Interruptroutinen in Form von Maschinencode (INT-primary) in das Wörterbuch zu integrieren. Die Interrupttabelle zeigt dann sinnvollerweise auf die pfa solcher FORTH-Worte, welche natürlich nicht wie üblich als FORTH-Worte gestartet werden dürfen. Zu retten sind i. a. alle Vordergrundregister, weshalb die Hintergrundregister im Grundsystem freigehalten wurden. Zur interaktiven Initialisierung der Interrupttabellen und -quellen kann sich der Nutzer entsprechende FORTH-Worte schaffen.
Prinzipiell besteht auch die Möglichkeit, Interruptroutinen in Form von FORTH-Code (INT-secondary) zu schreiben. Die Interrupttabelle muß dann zwar immer noch auf ein INT-pri-

Tafel 1 Abweichungen von fig-FORTH (x ist n oder d)

fig-FORTH		scp/single/multiFORTH	
LATEST	(→ nfa)	ENTRY	(→ nfa)
– TRAILING	(adr n1 → adr n2)	TRAILING	(adr n1 → adr n2)
TASK	(→)	NOOP	(→)
(FIND)	(adr1 adr2 → pfa b tf)	(FIND)	(adr1 adr2 → cfa b tf)
	(adr1 adr2 → ff)		(adr1 adr2 → ff)
	(→ pfa)		(→ cfa)
NFA	(pfa → nfa)	NFA	(cfa → nfa)
(NUMBER)	(d1 adr1 → d2 adr2)	(NUMBER)	(adr n1 → x tf)
			(adr n1 → ff)
NUMBER	(adr → d)	NUMBER	(adr → x tf)
			(adr → ff)
ERROR	(n → in blk)	ERROR	(n →)
– FIND	(→ pfa b tf)	FIND	(→ cfa b tf)
	(→ ff)		(→ ff)
?TERMINAL	(→ f)	?KEY	(→ n)
CREATE	(smudge-bit = 1)	CREATE	(smudge-bit = 0)
VLIST	(abbrechbar)	VLIST	(ab- und unterbrechbar)

Tafel 2 scpFORTH-spezifischer Wortvorrat

Aufruf	Datenstapel	Bedeutung
USING: name	(b1 n →)	schließt alte, eröffnet neue Datei name.SCR
?USING	(→)	zeigt aktuelle SCR-Datei an
FCB	(→ adr)	Anfangsadresse des File-Control-Blocks
FOPEN	(→)	eröffnet FCB-Datei
FCLOSE	(→)	schließt FCB-Datei
SETRO name	(→)	setzt Schreibschutz für Datei name.SCR
SETWR name	(→)	löscht Schreibschutz für Datei name.SCR
FILE+	(scr →)	erweitert FCB-Datei bis scr
FILE–	(scr →)	kürzt FCB-Datei bis scr
MAXSCR	(→ adr)	Variable für maximale scr der FCB-Datei
BDOS	(b1 n → b2)	ruft BDOS-Funktion b1 mit n als DE-Parameter auf und hinterläßt b2 als Rückgabewert
BYE	(→)	kehrt in SCP zurück
ABORT	(→)	eröffnet zusätzlich die FCB-Datei und zeigt diese an
MESSAGE	(n →)	bei ⟨WARNING⟩ = 1 Textausgabe von Zeile n relativ zu Screen 4 der Datei FORTH.SCR des aktuellen Laufwerkes; existiert diese Datei nicht, wird mit ⟨WARNING⟩ = 0 gearbeitet

Tafel 3 Zusätzliche Dateiverwaltungsworte in singleFORTH

Aufruf	Datenstapel	Bedeutung
ERA name	(→)	löscht Datei name.SCR
SCP-DIR	(→)	Ausgabe des SCP-Directories
NEW	(→)	Umstellung von singleFORTH auf SCR-Dateiverwaltung (nach Laden der entsprechenden SCR-Dateiverwaltung)
OLD	(→)	Abschaltung der SCR-Dateiverwaltung
FLOAD name.typ	(→)	Laden der Datei name.typ in interaktiv vorzugebenden Speicherbereich
FSAVE name.typ	(→)	Auslagern des interaktiv vorzugebenden Speicherbereiches als Datei name.typ

Tafel 4 Synchronisation und Kommunikation in multiFORTH

Aufruf	Datenstapel	Bedeutung
SEMAPHORE sem-name	(→)	Definition Semaphor
EVENT ev-name	(f →)	Definition Event mit Initialwert, tf: Event eingetroffen, ff: Event nicht eingetroffen
TMESSAGE mes-name	(n →)	Definition Message, n: Message-Länge, FIFO-Organisation
sem-name	(→ sem-adr)	Semaphor-Aufruf
ev-name	(→ ev-adr)	Event-Aufruf
mes-name	(→ mes-adr)	Message-Aufruf
INIT-SEM	(sem-adr →)	Semaphor-Initialisierung „frei"
INIT-EV	(f ev-adr →)	Event-Initialisierung auf f
INIT-MES	(n mes-adr →)	Message-Initialisierung auf Länge n
RELEASE	(sem-adr →)	Semaphor-Freigabe
SIGNAL	(ev-adr →)	Event-Auslösung
SEND	(n mes-adr →)	Message-Sendung Datum n
REQUEST	(sem-adr →)	Semaphor-Anforderung
WAIT	(ev-adr →)	Event-Anforderung
RECEIVE	(mes-adr →)	Message-Anforderung
TEST-SEM	(sem-adr → f)	Semaphor-Test, ff: besetzt, tf: frei
TEST-EV	(ev-adr → f)	Event-Test, ff: nicht eingetroffen, tf: eingetroffen
TEST-MES	(mes-adr →)	Message-Test

Tafel 5 Steuerung und Zeitverwaltung in multiFORTH

Aufruf	Datenstapel	Bedeutung
PAR	(→)	Kernaktivierung
START task-name	(b →)	Start benannter Task mit Priorität b vom Terminal aus
STARTDS	(b task-cfa →)	Start benannter Task mit Priorität b vom Programm aus
PRIORITY	(b →)	setzt laufende Task auf Priorität b
SET-PRIORITY task-name	(b →)	setzt benannte Task vom Terminal aus auf Priorität b
SET-PRIORITYDS	(b task-cfa →)	setzt benannte Task vom Programm aus auf Priorität b
SCHEDULE	(→)	laufende Task gibt Prozessor an nächste ready-task gleicher Priorität ab
SUSP task-name	(→)	benannte Task wird vom Terminal aus suspendiert
SUSPDS	(task-cfa →)	benannte task wird vom Programm aus suspendiert
SUSP-ALL	(→)	außer Operatortask werden alle Tasks suspendiert
CONT task-name	(→)	benannte, suspendierte Task wird vom Terminal aus fortgesetzt
CONTDS	(task-cfa →)	benannte, suspendierte Task wird vom Programm aus fortgesetzt
CONT-ALL	(→)	alle Tasks werden fortgesetzt
KILL task-name	(→)	benannte Task wird vom Terminal aus terminiert
KILLDS	(task-cfa →)	benannte Task wird vom Programm aus terminiert
SET-TIME	(jmtsms →)	Systemuhr setzen auf Jahr, Monat, Tag, Stunde, Minute, Sekunde
?TIME	(→ jmtsms)	Abfrage Systemuhr
TIME	(→ adr n)	Abfrage Systemuhr in TYPE-Form
SLEEP	(n →)	laufende Task schläft für n Zeiteinheiten

mary zeigen, welches seinerseits jedoch nur alle Register rettet, den Returnstack (Register IX) für die Interruptroutine einstellt, die Adresse der Maschinenroutine next (im inneren Interpreter) in das Register IY lädt, die cfa des INT-secondaries auf den Datenstack legt und nicht mit NEXT, sondern mit einem Einsprung in EXECUTE endet. Das INT-secondary selbst kann bei Beschränkung auf den Datenstapel zur Parameterübergabe leicht wiedereintrittsfähig gestaltet werden. Statt des normalen Semikolon-Abschlusses dieses INT-secondaries muß dann zum Terminieren ein RETI-primary aufgerufen werden. Dieses führt nach Restauration aller Register den Maschinenbefehl RETI aus, womit dieses RETI-primary selbst und die Interrupt-Behandlung insgesamt abgeschlossen wird. INT-secondaries dürfen ebenfalls nicht wie normale FORTH-Worte gestartet werden! Auch für diese FORTH-Interruptroutine kann sich der Anwender Hilfswörter zur interaktiven Installation schaffen, so ist sogar u. U. die Definition eines Datentyps für INT-primaries sinnvoll, wenn mehrere Interruptquellen behandelt werden müssen.

Die Dateiarbeit von singleFORTH beschränkt sich auf die Screen-Arbeit von flg-FORTH. Dies ist für Steuerrechner i. a. ausreichend. Um während der Programmentwicklung kompatibel zu scpFORTH zu sein, existiert jedoch eine nachladbare SCP-Dateiverwaltung für singleFORTH, welche alle Worte einschließlich MAXSCR aus Tafel 2 realisiert, BDOS also in wesentlichen Teilen in FORTH emuliert /16/. Tafel 3 zeigt zusätzlich nachladbare Dateiverwaltungsworte, welche in scpFORTH wegen des dort verfügbaren SCP-Wirtssystems nicht notwendig sind.

4. multiFORTH

Obwohl singleFORTH schon gute Voraussetzungen zur quasiparallelen Abarbeitung von Steueralgorithmen aufweist, muß der Anwender alle notwendigen Synchronisationen, Kommunikationen und Prioritäten selbst konzipieren und implementieren. In größeren Systemen wird er damit überfordert; Effizienz, Zuverlässigkeit, Flexibilität und Transparenz sind nicht mehr gewährleistet.

Deshalb wurde auf der Basis von single-FORTH durch Unterlegung eines in Assembler geschriebenen FORTH-Multitaskkernes (FMK) das System multiFORTH entwickelt. In einer ersten Variante /14/ unterstützt dieser Kern wie polyFORTH/17/ nur eine zeitzyklische Taskumschaltung (round-robin-scheduling). Die aktuelle Variante von multi-FORTH /15/ realisiert eine verdrängende, prioritätsgesteuerte Taskumschaltung (preemptive-scheduling) und ist damit für echtzeitfähige Multitaskarbeit geeignet. Innerhalb einer Gruppe gleichpriorisierter Tasks kann durch explizites Taskumschalten (SCHEDULE, WAIT) das round-robin-Verhalten simuliert werden, welches vor allem für die interaktive Entwicklung von Tasks günstig ist, da hierbei die Operatortask automatisch und zyklisch aktiviert wird. Tasks unterscheiden sich formal bei ihrer Programmierung nicht von normalen FORTH-primaries oder -secondaries. Lediglich durch ein beim Start vorangestelltes Wort START (vom Terminal aus) bzw. STARTDS (vom Programm aus) wird ein primary oder secondary in den Task-

Tafel 6 Hilfsfunktionen

Aufruf	Datenstapel	Bedeutung
HELP	(→)	gibt alle Hilfsfunktionen aus
DIR	(scr →)	gibt ab Screen scr alle Kopfzeilen aus
MEM	(adr n →)	gibt ab adr n Zeilen Speicherinhalt aus
EDIT	(scr →)	Quelltexteditor für Screen scr
COPY	(scr1 scr2 →)	kopiert Screen scr1 in Screen scr2
SFCOPY name	(scr1 scr2 →)	kopiert Screen scr1 aus Datei name.SCR in aktuelle SCR-Datei
OVERLAY	(→)	interaktive Overlay-Technik für single/multiFORTH
RECOMP name	(→)	Recompilation des Wortes name
DISAS name	(→)	Disassemblierung des Wortes name
STEP name	(→)	Schritt-Test des Wortes name
BRK name	(→)	setzt Haltepunkt in Wort name
REPi	(→ adr)	Repetitionsvariable für i-ten Haltepunkt
SYSMAKE	(→)	Compilatauslagerung auf Diskette
SYSNAME	(→)	gibt aktuellen Compilatnamen aus
TIME-JOB	(→)	gibt Systemzeit aus
LOOK-TASKS.	(→)	gibt alle existierenden Tasks mit Zustand und Priorität aus
TCB. name	(→)	gibt TCB der benannten Task aus
SEML. name	(→)	gibt die durch benannte Tasks besetzten Semaphore aus
KRAM.	(→)	gibt symbolische Kern-RAM-Werte aus
READY.	(→)	gibt READY-Liste aus
SLEEP.	(→)	gibt SLEEP-Liste aus
SUSP.	(→)	gibt SUSPEND-Liste aus
SEM.	(sem.adr →)	gibt symbolische Datenstruktur des benannten Semaphors aus

Status erhoben; der ";"- oder "NEXT"-Abschluß führt dann zum Terminieren der Tasks. Damit ist die FORTH-Philosophie der interaktiven Programmerstellung und -testung auf multiFORTH übertragbar. Der charakteristische Datenstapel unterstützt auch hier auf natürliche Weise den Programmierer bei der Erstellung wiedereintrittsfähiger Programme.

Zusätzlich zu singleFORTH verfügt der Nutzer von multiFORTH über die Datentypen SEMAPHORE, MESSAGE und EVENT, mit deren Hilfe er Ressourcen vor Mehrfachzugriff schützen, Nachrichten zwischen Tasks austauschen sowie Tasks durch interne oder externe Ereignisse synchronisieren kann. Tafel 4 zeigt die entsprechenden Wortgruppen. Jeder Task ist beim Start eine Priorität (0 < = p < = 255) zuzuordnen, das Grundsystem meldet sich mit der Operatortask, welche die initiale Priorität 0 besitzt. Prioritäten können jederzeit vom Terminal (PRIORITY, SET-PRIORITY) oder von anderen Tasks aus (SET-PRIORITYDS) geändert werden. Außerdem stehen analog Befehle zur zeitweiligen Suspendierung (SUSP, ...) bzw. zum Fortsetzen (CONT, ...) oder zum Terminieren (KILL, ...) einer Task zur Verfügung. Tafel 5 faßt diese Steuerworte zusammen. PAR initialisiert und startet die gesamte Multitaskarbeit, die Echtzeituhr kann mit den TIME-Worten verwaltet werden. SLEEP setzt die aufrufende Task für n Zeiteinheiten (generierungsabhängig) in einen sleep-Zustand.

Nach dem Start wird jeder Task ein RAM-Bereich (Task-Segment) zugeordnet, welcher bis zur Zuordnung oder nach dem Terminieren der entsprechenden Task in einer AVAIL-Liste verwaltet wird (dynamische Taskverwaltung). Task-Segmente können nach Zahl und Größe vor PAR-Ausführung vom Anwender auf FORTH-Niveau generiert werden, initial sind Segmente für 8 Tasks eingestellt. Alle Tasks arbeiten über dem globalen Wörterbuch, welches nur von der Operatortask aus erweitert werden kann. Jede Task verfügt über lokale Daten- und Rückkehradreß-Stapel sowie über einen ebensolchen USER-Variablenbereich (dessen Belegung wird bei START „vererbt") und einen Task-Control-Block (TCB). Dieser TCB enthält die Informationen zur Priorität, zum Taskzustand (run, ready, wait, sleep, suspend), die Adresse, über welche die Tasks beim Einordnen in die Ready-, Suspend-, Semaphor-, Message-bzw. Eventwarteliste verkettet werden, sowie für den Zustand sleep die verbleibende Wartezeit.

Der Kern selbst wird von FORTH aus über spezielle primaries (Kerninterface) durch Kernrufe erreicht, welche dem Systemprogrammierer zur Verfügung stehen, um eventuell auch neue Multitaskworte zu definieren /18/. So kann für externe Ereignisse (Interrupts) z. B. ein spezieller Datentyp EX-EVENT eingeführt werden, dessen Wartetasks nicht durch SIGNAL, sondern durch eine Interruptroutine mit dem entsprechenden Kernaufruf frei gesetzt werden. Diese Interruptroutine ist dann auch Element des Kerninterface.

Die gesamte Taskverwaltung ist auf Listenverarbeitung aufgebaut, damit wird hohe Flexibilität, allerdings nicht maximale Reaktionszeit erreicht. Das Kernprogramm ist modular strukturiert, so daß auf Assemblerniveau die Möglichkeit der Kerngenerierung besteht. Ein Kern-RAM beinhaltet alle relevanten Kerndaten. Unter Nutzung dieser Daten kann sich der geübte Programmierer weitreichende Hilfswörter zur Zustandsanalyse aufbauen, welche bis zum Multitask-Debugger erweitert werden können. Der komplette Kern FMK ist einschließlich seines RAM in das FORTH-Wörterbuch integriert (ca. 4 KByte), was bei Aufruf von VLIST allerdings nicht sichtbar wird.

5. Hilfsprogramme

Obwohl FORTH selbst schon eine komplette Programmierumgebung darstellt, sind zur effizienten Arbeit meist zusätzliche Hilfsprogramme notwendig. Es ist üblich, daß sich jeder FORTH-Programmierer für seine Zwecke spezielle Werkzeuge schafft, wobei diese oft einen sehr individuellen und temporären Charakter haben. Dies ist in anderen Systemen nicht üblich und wird in FORTH neben der guten Interaktivität durch die Offenlegung aller Datenstrukturen unterstützt. So ist es oft einfacher, sich selbst eine Hilfsfunktion zu schaffen, als die Bedienung eines komplexen Service-Programmes zu erlernen. Einige allgemein interessierende Beispiele aus der Arbeit an der Sektion TBK sind in Tafel 6 zusammengefaßt.

Die ersten Worte bis COPY beschreiben einen Teil der üblichen Hilfsfunktionen. OVERLAY gestattet dem Programmierer, bestimmte Teile des Wörterbuches durch neue Compilate zu überschreiben, was vor allem für temporäre Hilfsfunktionen sinnvoll ist. Das Wort Overlay ist selbst interaktiv, aus seinen Bestandteilen läßt sich aber auch eine programmgesteuerte Overlay-Technik zur dynamischen Speicherplatzverwaltung aufbauen /16/. RECOMP gestattet die Recompilation des threaded-code in FORTH-Quelltext. Um alle Sprungstrukturen eindeutig rekonstruieren zu können, wurden die internen Sprunganweisungen (BRANCH, OBRANCH) aus fig-FORTH in der vorgestellten FORTH-Familie durch differenzierte Worte (z. B. (IF), (ELSE), ...) ersetzt /14/. DISAS gestattet analog zu RECOMP die Disassemblierung von primaries, wobei die SYPS-K1520-Mnemonik verwendet wird.

Die Worte STEP, BRK und REPi kennzeichnen einen ganzen Debugger-Komplex. Sowohl im Schritt-Test als auch nach Erreichen von Haltepunkten werden die obersten Werte des Daten- und Return-Stapels ausgegeben; interessieren weitere Zustandsgrößen, so sind diese dem Anwender über einen rekursiven Aufruf von FORTH (d. h. genauer: von QUIT) in bekannter Weise zur Anzeige und Veränderung verfügbar. Die Tatsache, daß man sich im Rekursions-FORTH befindet, wird lediglich durch das modifizierte Prompt-Zeichen * OK sichtbar. Nach Austritt aus dem Debugger wird wieder in das ursprüngliche FORTH zurückgekehrt.

SYSMAKE ist das Finalwort eines Komplexes, mit dem ausgetestete Anwenderprogramme unter frei wählbaren Namen in compilierter Form auf Diskette ausgelagert werden können /15/. Die entsprechenden Dateien sind SCP-kompatibel vom Typ SYF. Sie enthalten Verkettungsinformationen zu dem Basissystem, auf welches sie jeweils compiliert wurden (dies kann das FORTH-Grundsystem oder eine bereits erweiterte SYF-Datei sein) und Kaltstartinformationen. Über einen speziellen Anfangslader, welcher auf das SCP-Directory zugreift, kann man dann das gewünschte Anwendersystem als „Blatt" oder „Knoten" aus einem „Dateibaum" menügesteuert auswählen. Beim Laden werden automatisch alle SYF-Vorgängerdateien und am Anfang das FORTH-Grundsystem in der richtigen Reihenfolge der ausgewählten SYF-Datei unterlegt. Der bei SYSMAKE einzugebende Dateiname kann nach dem Laden jederzeit durch SYSNAME abgefragt werden. Der im FORTH-Grundsystem noch vorhandene Nachteil langer Compilerzeiten bei großen Anwenderprogrammen entfällt mit SYSMAKE vollständig. SYSMAKE setzt in singleFORTH die geladene SCP-Dateiarbeit voraus. Nach SYSNAME folgt in Tafel 6 eine Auswahl von Hilfsfunktionen für multiFORTH. TIME-JOB organisiert z. B. die Ausgabe von Datum und Zeit auf dem Terminal. Die darauf folgenden Worte geben interessante Systemgrößen aus, wobei soweit wie möglich die Wörterbuchnamen verwendet werden. Alle gezeigten Worte existieren auch in der Variante, daß die erfragten Informationen nicht auf das Terminal ausgegeben, sondern in Form von Adressen oder Daten auf dem Datenstapel abgelegt werden, womit dann „gerechnet" werden kann. Damit ist es möglich, sich je nach Problemstellung zugeschnittene Debugger-Tasks aufzubauen, welche gegebenenfalls interaktiv die Arbeit der Nutzertasks beobachten und analysieren. Für den naturgemäß schwierigen Prozeß der Parallelprogrammierung stehen somit interessante Werkzeuge zur Systeminspektion zur Verfügung.

✉ KONTAKT ☏

Technische Hochschule Ilmenau, Sektion Technische und Biomedizinische Kybernetik, PSF 327, Ilmenau, 6300; Tel. 740, App. 647

Literatur

/1/ Vack, G.-U.: FORTH – eine außergewöhnliche Softwarekonzeption. Mikroprozessortechnik, Berlin 1 (1987) 6, S. 163–165

/2/ Schiemann, B.: Ein fig-kompatibles FORTH für den U8000. Mikroprozessortechnik, Berlin 1 (1987) 6, S. 165–166

/3/ Bachmann, B.: Gleitkomma in FORTH. Mikroprozessortechnik, Berlin 1 (1987) 6, S. 166-168

/4/ Moore, Ch. H.: Evolution of FORTH. BYTE Magazine 05/08/pp. 76–92, August 1980

/5/ Brodie, L.: Starting FORTH. Prentice-Hall 1981

/6/ Zech, R.: Die Programmiersprache FORTH. Franzis-Verlag München. 1986

/7/ Brodie, L.: Thinking FORTH. Prentice-Hall 1984

/8/ Vack, G.-U.: Mikrorechnerprogrammierung in der Dialogsprache FORTH. 27. Int. Wiss. Koll. der TH Ilmenau 1982, H. 3, S. 35–40

/9/ Woitzel, E.: comFORTH – Programmierwerkzeug FORTH unter SCP. edv-aspekte, Berlin 5 (1986) 4, S. 47–52

/10/ Fengler, W.; Roth, M.: Einchip-Rechner-Schaltkreise. Mikroprozessortechnik, Berlin 1 (1987) 2, S. 37–41

/11/ Krapp, M.; Varga, G,: FORTH als Sprachkonzept für Robotersteuerungen. edv-aspekte, Berlin 4 (1985) 1, S. 11–15

/12/ Varga, G.; Krapp, M.: FORTH-Erweiterung um Multitasking und Programmentwicklungskomponenten. 30. Int. Wiss. Koll. der TH Ilmenau 1985, Band Technische Informatik, S. 235–238

/13/ Schwartz, J.: Stand und Trend bei Roboterprogrammiersprachen. edv-aspekte, Berlin 4 (1985) 1, S. 6–10

/14/ Varga, G.: Ein interaktives, multitaskfähiges Betriebssystem für Steuerungsanwendungen. Diss. A, TH Ilmenau, Sektion TBK, 1985

/15/ Richter, J.: Ein FORTH-Multitaskbetriebssystem für flexibel automatisierte Fertigungssysteme. Diss. A, TH Ilmenau, Sektion TBK, 1987

/16/ Krapp, M.; Schwartz, J.; Alsleben, H.: Handbuch zu scp/single/multiFORTH. Forschungsbericht TH Ilmenau, Sektion TBK, 1987

/17/ Rodriguez, R. M.; Stephens, C. L.: PolyFORTH – an electronics engineer's programming toll. Software Engineering Journal, July 1986, pp. 154–158

/18/ Jahn, D.: Systemprogrammierbeschreibung für multiFORTH. Diplomarbeit, TH Ilmenau, Sektion TBK, 1987

Anforderungsspezifikation und Modellbildung auf der Basis von Netzen (Teil 2)

Dr. Stephan Fensch, VEB Kombinat Trikotagen, Karl-Marx-Stadt

Jürgen Lange, Technische Universität Karl-Marx-Stadt, Sektion Automatisierungstechnik

Ablauf des Netzmodells

Im ersten Teil dieses Beitrages wurde auf der Basis von Kanal-Instanzen-Netzen bzw. Pr/T-Netzen für ein konkretes Beispiel aus der Fertigungsindustrie ein formales Modell entwickelt, dargestellt in Bild 10 (MP 10/1987, S. 299–302). Im Sinne der Anforderungsspezifikation bildet dieses Netzmodell eine gute Ausgangsbasis zur Formulierung und Realisierung der Steuerungsaufgabe. Alle Beteiligten können anhand des Modells relativ leicht selbst überprüfen, ob ihre Forderungen komplett enthalten sind. Falsche oder noch nicht vollständige Angaben können durch weitere Verfeinerungen korrigiert bzw. ergänzt werden. Außerdem kann untersucht werden, ob Forderungen, die aus unterschiedlichen Gesichtspunkten heraus aufgestellt werden, sich eventuell widersprechen.

Im angegebenen Modell ist eine Anfangsmarkierung eingetragen, die dem Systemzustand unmittelbar vor dem Start des regulären Betriebes entspricht. Dies bedeutet, daß zum Erreichen dieses Zustands ein Einfahren der Anlage durchgeführt werden muß, welches im weiteren nicht näher betrachtet werden soll.

Durch die Markierung erhält neben den Transitionen *Bearbeitung* (4fach) und *Waschvorgang* auch die Transition mit der Prozedur *transport (robot, baz, 18)* Konzession, da der Roboter frei ist, der Kanal *WAK DWA* nicht belegt ist und an jedem Bearbeitungszentrum ein Teil auf seine Abholung wartet.

Da das Modell nichts über die Zugriffsart aussagt, wird aus dem Kanal *BAZ DWA* zufällig ein Objekt ausgewählt. Für das Teil vom Bearbeitungszentrum 1 hätte die Prozedur dann die Parameter *transport (2, 5, 18)*.

Wird vom Auftraggeber ein anderer Zugriffsmechanismus gefordert, z. B. nach Prioritäten oder nach der Reihenfolge des Fertigwer-

```
SYSTEM fms;
CONST   wak = 18;               (* phys. WAK-Position *)
TYPE    position = 1..19;       (* phys. Position im Prozess *)
        zustand = (r,b,f);      (* roh, bearbeitet, fertig   *)
        teil     = RECORD  pos:position; zu:zustand END;
        auswahl  = RECORD  spa:position;
                           baz1:position;
                           baz2:position
                   END;
        str_puf  = RAM[1] OF position; (* Prädikattypen   *)
        pos_puf  = RAM[4] OF position; (* mit Zugriffsart *)
        zu_puf   = RAM[1] OF zustand;  (* und Kapazität   *)
        teilpuf3 = RAM[3] OF teil;
        teilpuf4 = RAM[4] OF teil;
        aw_puf   = RAM[3] OF auswahl;
VAR     robot, baz, spann, b1, b2:position;
BUFFER str_frei:str_puf (<2>);         (* Prädikate mit      *)
        baz_frei, sp_frei:pos_puf;     (* eventueller        *)
        wak_dwa:zu_puf;                (* Anfangsmarkierung *)
        wak_dwi:zu_puf    (<b>);
        sp_ab:teilpuf3;
        baz_dwa:teilpuf4 (<5,b> +<11,b> +<12,b> +<17,b>);
        baz_dwi:teilpuf4 (<5,r> +<11,r> +<12,r> +<17,r>);
        sp_wahl:aw_puf (<2,5,12> +<4,5,12> +<6,11,17>);
  (* Formale Definitionen von Aktionsaufrufen: *)
SEQUENCE  transport (IN pos,quelle,ziel:position);
SEQUENCE  spannen   (IN pos:position   OUT b1,b2:position);
SEQUENCE  fertigen  (IN baz:position);
```

Bild 11 Deklarationsteil des Beispiels

Bild 12 Verzögerungszellen von Transitionen als Simulationsdatenbasis

```
TRANS_BW TOKEN 4 SEC         (* Markenattribut(Token) * 4 sec *)
TRANS_SB TOKEN 4 SEC         (* Markenattribut(Token) * 4 sec *)
TRANS_WS TOKEN 4 SEC         (* Markenattribut(Token) * 4 sec *)
SPANNE RANDOM NOR 6 2 MIN(* Normalverteilt (mw=6,s=2 min) *)
BEARB TOKEN 1 MIN            (* Markenattribut(Token) * 1 min *)
DREH_B FIX 40 SEC            (* 40 sec fest *)
DREH_W FIX 40 SEC            (* 40 sec fest *)
WASCH FIX 2 MIN              (* 2 min fest *)
```

dens der Bearbeitungszentren, so kann dies durch weiteres Verfeinern der Kanäle und Objekte in gezeigter Weise in das Modell integriert werden.

Mit dem Ende der Transportoperation *BAZ1_DWA* → *WAK_DWA* wird der Kanal *WAK_DWA* mit einem Objekt ⟨B⟩ belegt, der Roboter wird auf die Position 18 freigegeben (Kanal *STR_FREI*), und im Kanal *BAZ_FREI* wird das nun beschickungsbereite Bearbeitungszentrum 1, symbolisiert durch seine Position ⟨5⟩, eingetragen. Damit ist der Transport eines Rohteils von den Spannplatzpositionen 2 oder 4 an das Bearbeitungszentrum 1 möglich, denn auf beiden Spannplätzen ist dieses Bearbeitungszentrum angewählt (Kanal *SP_WAHL*, Objekte ⟨2, 5, 12⟩ *bzw.* ⟨4, 5, 12⟩) und damit die zusätzliche Bedingung (baz = b1) or (baz = b2) durch baz = b1 = 5 erfüllt.

Nach Ausführung des Transports wird ein Spannplatz freigegeben (Kanal *SP_FREI*), so daß, wenn der Waschvorgang abgeschlossen ist und der Drehwechsler gedreht hat, das Fertigteil von der Waschstation auf den freien Spannplatz zum Abspannen transportiert werden kann.

Auf diese Weise können mit dem geschaffenen Modell zahlreiche interessante Situationen des Systems durchgespielt werden, was allerdings ohne Rechnerunterstützung sehr uneffektiv ist. Außerdem wäre es wünschenswert, auf Basis des einmal geschaffenen Modells auch schon einige Simulationsexperimente durchführen zu können, die Aussagen über Laufzeiten, Auslastung und kritische Situationen im zukünftigen System zulassen.

Das Programmpaket POSES

Zu diesem Zweck wurde an der TU Karl-Marx-Stadt das Sprachsystem POSES (Pr/T-Netzorientiertes Simulations- und Entwurfssystem) /4/ geschaffen, mit dessen Hilfe Netzmodelle formal notiert und auf einem Personalcomputer simuliert (interpretiert) werden können.

Grundkonzepte

Die semantische Basis der Sprache bildet das „Situation-Handlungs"-Prinzip. Drei wesentliche Konzepte bilden die programmtechnische Grundlage von POSES:

- Datenflußkonzept:

Eine konsequente Umsetzung des Markenflusses aus dem Netzmodell führte zwangsläufig dazu, daß POSES als Datenflußsprache /5/ konzipiert wurde. Sie unterscheidet sich gegenüber den imperativen Programmiersprachen (FORTRAN, PL1, ALGOL, PASCAL, ...), deren Abarbeitung vom Stand eines Befehlszählers gesteuert wird, insbesondere dadurch, daß die Ausführung von Programmaktivitäten (Instanzen im Netz = *Handlungen*) von aktuellen Datenwerten (Markenverteilungen im Netz = *Situationen*) abhängt, die damit nicht nur passive Werte-Repräsentanten sind.

Die Bedeutung des Begriffs Variable differiert wesentlich von der Vorstellung, daß es sich einfach um überschreibbare benannte Speicherzellen handelt, sondern entspricht mehr der von logischen Programmiersprachen (PROLOG). Die Variable in POSES kann für die Dauer der Abarbeitung einer Transition mit Markenattributen belegt werden und ermöglicht dann Abfragen über Relationen zu oder das Erfülltsein von weiteren Markenattributen (etwa im Sinne von PROLOG). So werden z. B. die Variablen baz mit 5 bzw. b1 mit 12 belegt und dann gefragt, ob baz = b1 gilt. Ist das nicht der Fall, werden weitere Belegungen der Variablen baz und b1 versucht, was zum sogenannten Backtracking führt.

```
  0:00:00 [WASCH       ] Begin (* Beginn des Waschvorgangs *)
From (WAK_DWI    ) 1 Object: <B>
  0:00:00 [BEARB       ] Begin (* Bearbeitungszentrum 4 *)
From (BAZ_DWI    ) 1 Object: <17,R>
  0:00:00 [BEARB       ] Begin (* Bearbeitungszentrum 3 *)
From (BAZ_DWI    ) 1 Object: <12,R>
  0:00:00 [BEARB       ] Begin (* Bearbeitungszentrum 2 *)
From (BAZ_DWI    ) 1 Object: <11,R>
  0:00:00 [BEARB       ] Begin (* Bearbeitungszentrum 1 *)
From (BAZ_DWI    ) 1 Object: <5,R>
  0:00:00 [TRANS_BW  ] Begin (* Transport BAZ -> WAK *)
From (BAZ_DWA    ) 1 Object: <17,B>
From (STR_FREI   ) 1 Object: <2>
  0:02:00 [WASCH       ] End   (* Ende des Waschvorgangs *)
To (WAK_DWI    ) 1 Object: <F>
  0:05:12 [TRANS_BW  ] End   (* Ende des Transports *)
To (WAK_DWA    ) 1 Object: <B>
To (STR_FREI   ) 1 Object: <18>
To (BAZ_FREI   ) 1 Object: <17>
  0:05:12 [TRANS_SB  ] Begin (* Transport Spannpl. -> BAZ *)
From (SP_WAHL    ) 1 Object: <6,11,17>
From (STR_FREI   ) 1 Object: <18>
From (BAZ_FREI   ) 1 Object: <17>
  0:05:12 [DREH_W      ] Begin (* Start Drehwechsler WAK *)
From (WAK_DWA    ) 1 Object: <B>
From (WAK_DWI    ) 1 Object: <F>
  0:05:52 [DREH_W      ] End   (* Ende Drehen WAK *)
To (WAK_DWI    ) 1 Object: <B>
To (WAK_DWA    ) 1 Object: <F>
  0:05:52 [WASCH       ] Begin (* Beginn des Waschvorgangs *)
From (WAK_DWI    ) 1 Object: <B>
  0:07:52 [WASCH       ] End   (* Ende des Waschvorgangs *)
To (WAK_DWI    ) 1 Object: <F>
  0:10:00 [BEARB       ] End   (* BAZ 1 ist fertig *)
To (BAZ_DWI    ) 1 Object: <5,B>
  0:11:48 [TRANS_SB  ] End   (* Ende des Transports *)
To (BAZ_DWA    ) 1 Object: <17,R>
To (STR_FREI   ) 1 Object: <17>
To (SP_FREI    ) 1 Object: <6>
  0:11:48 [TRANS_WS  ] Begin (* Transport WAK -> Spannpl. *)
From (WAK_DWA    ) 1 Object: <F>
From (STR_FREI   ) 1 Object: <17>
From (SP_FREI    ) 1 Object: <6>
   ...
   ...
```

Bild 13 Kommentierter Ausschnitt aus dem Traceprotokoll

- Typkonzept:

Jede Konstante, Variable, jeder aus diesen gebildete Ausdruck und jedes Prädikat ist in POSES von einem bestimmten Typ. Dieser Typ bezeichnet die Wertemenge, der eine Konstante angehört bzw. die durch eine Variable oder einen Ausdruck angenommen werden kann, oder den Typ der Objekte, die ein Prädikat aufnehmen kann. Jeder Operator und jedes Prädikat erwarten Argumente bzw. Objekte eines bestimmten Typs. Durch diese Redundanz werden schon zur Compilationszeit Entwurfsfehler erkannt und können somit vermieden werden.

- Vertikale und horizontale Dekomposition:

a) Vertikale Dekomposition: Die Aufteilung eines Steuerungssystems in eine Zwei-Ebenen-Hierarchie (Kontroll- und Aktionsebene) gestattet, unterschiedliche Systemaspekte separat zu behandeln und die geeignetsten Mittel und Methoden für die jeweilige Ebene einzusetzen. POSES realisiert diesbezüglich das Konzept der Sprachfamilie. Die Netzbeschreibung bietet leistungsfähige Konstruktionen für die Beschreibung paralleler Strukturen der Kontrollebene. Für die Angabe der sequentiellen Aktionen (Kopplung zum physischen Prozeß) kann der Programmierer auf andere Sprachen (Assembler, PASCAL ...) zurückgreifen, die hier vorteilhafter sind.

b) Horizontale Dekomposition: Während bei der vertikalen Dekomposition das Steuerungssystem in Hierarchieebenen aufgeteilt wird, wird bei der horizontalen Dekomposition eine Modularisierung der Kontrollebene selbst vorgenommen /6/. Jeder Modul bildet in POSES eine Kapsel mit genau definierten Schnittstellen. Diese bestehen aus Prädikat-

```
State: S1  (STR_FREI  ) 1 Object  (* S1 ≙ Situationsname *)
From: 0:00:00  To: 1:03:24
Occured: 12
Time: 0:00:00 => 0%

State: S2  (STR_FREI  ) 1 Object  (* S2 ≙ Situationsname *)
From: 1:03:24  To: 2:00:27
Occured: 36
Time: 0:06:24 => 11%

State: S3  (STR_FREI  ) 1 Object  (* S3 ≙ Situationsname *)
From: 2:05:52 To: 3:05:02
Occured: 14
Time: 0:39:59 => 67%
```

Bild 14 Protokoll

paaren der Form (Pi, Po), wobei Pi der Eingang und Po der Ausgang für den Datenfluß ist. Für die Verkopplung der einzelnen Moduln untereinander wird durch eine spezielle Entwurfsstrategie die reine Baumstruktur angestrebt, die aber durch sogenannte Ressourcen-Moduln auch aufgelöst werden kann.

Ein POSES-Programm besteht aus einem oder mehreren derartigen Modulen, wobei jeder Modul aus Deklarations- und Netzteil besteht.

a) Deklarationsteil: Im Deklarationsteil sind die Konstanten, die Typbezeichner mit ihren Wertemengen, die Variablen, die Prädikate mit ihrer Anfangsmarkierung, die Koppelpaare des Moduls, die Funktionen und die Kopfzeilen der Aktionsprozeduren zu definieren, die den Datenfluß von der Kontroll- über die Aktionsebene zum physischen Prozeß und umgekehrt realisieren. Den Deklarationsteil des Beispiels zeigt Bild 11.

b) Netzteil: Im Netzteil ist die Topologie des Netzes anzugeben. Der Netzteil entsprechend Bild 10 ist in Ermangelung grafikfähiger Hardware in eine verbale Notation formal umzusetzen, die an dieser Stelle nicht weiter dargestellt werden soll. Zum aktuellen, auf CP/M-, CP/M-86- und MS-DOS-kompatiblen Betriebssystemen lauffähigen, nachnutzbaren POSES-System gehören Compiler, Modulverbinder, Interpreter für Zwischencode und ein Simulationspaket.

Simulation mit POSES

Der Simulator erlaubt neben der Austestung des Markenspiels eine komfortable Simulation des beschriebenen Prozesses. Dadurch sind bereits vor dem Entwurf der eigentlichen Steuerung (der ebenfalls mit POSES möglich ist) Aussagen über

– kausale Zusammenhänge des Prozesses
– Auslastungskoeffizienten (z. B. von Transportmitteln)
– zeitliche Abläufe
– (Schalt-)häufigkeiten, Engpässe usw.

möglich.

Der POSES-Simulator entspricht somit dem Anliegen und erfüllt einen beträchtlichen Teil des Funktionsumfanges von SIMDIS, versteht sich allerdings nicht als Konkurrenz dazu. Dafür steht als Hauptgrund, daß der Simulator nur ein Teil des durchgängigen POSES-Systems von der Modellierung mit Hilfe der Pr/T-Netze bis zur Realisierung der Steuerung ist. Mit der Analyse und formalen Modellierung des Prozesses zum Zwecke der Simulation sind bereits wesentliche Komponenten zur Steuerung dieses Prozesses in das Netzmodell integriert worden. Damit ist nach relativ geringen Änderungen im Netzmodell (Interruptstellen und Aktionsproduraufrufe zur Verkopplung der Steuerung mit dem Prozeß) die Implementierung der Prozeßsteuerung rechnergestützt realisierbar. Bei der Simulation kann die zu simulierende Zeit in Abhängigkeit von Markenattributen berechnet werden (z. B. soll sich die Transportzeit proportional zur Entfernung zwischen Quell- und Zielposition verhalten).

Der POSES-Simulator ist vor Beginn, während und nach Ende des Simulationslaufs im Dialogbetrieb mit unterschiedlichen Hilfegraden bedienbar. Die Aufbereitung und Auswertung der Simulationsergebnisse ist in den Simulator integriert worden, läuft grundsätzlich für alle Prädikate und Transitionen intern mit und ist jederzeit abrufbar. Darüber hinausgehende Interessen, z. B. eine spezielle Markierung, die mehrere Prädikate umfaßt, können explizit formuliert werden.

Es sind 3 Hauptklassen von Funktionen realisiert worden:

● Funktionen, die den Netzablauf, der im Schritt- oder Run-Betrieb möglich ist, beeinflussen

o Zuweisung von Zeiten an Transitionen, um die hypothetische oder bekannte Dauer von diesen Transitionen zugeordneten Aktionsprozeduren (z. B. eines Transportes) dem Simulator mitzuteilen – als
– feste Zeit
– Zufallszahl (verschiedene Verteilungen möglich)
– Zeit ist eine Funktion von Markenattributen
o Ändern der aktuellen Markierung
o Ändern der Priorität von Transitionen ...

● Funktionen zur visuellen und internen Protokollführung

o Festlegen des Ausgabeumfangs von Transitionen
– ob beim Schalten einer Transition eine entsprechende Meldung ausgegeben wird
– Kantenbelegung beim Schalten
– warum schaltet Transition nicht
o Festlegen von zu protokollierenden Markierungen
o Festlegen des zu protokollierenden Moduls

● Funktionen zur Auswertung und Anzeige netz- und simulationsspezifischer Daten

o Auslisten der Prädikate
– aktuelle Markierung, Kapazität, Zugriffsstrategie
– maximale und zeitlich gemittelte Markenzahl
– prozentuale Auslastung
o Auslisten der Transitionen
– Priorität, Verzögerungsart
– Schalthäufigkeit, Schaltdauer u. a.
o Auslisten von Markierungen
– wie oft und wie lange in welchem Zeitraum ist Markierung eingetreten.

Simulation des Beispiels

Mit dem durch Editieren und Compilieren aufbereiteten Beispiel wurden einige Experimente mit der in Bild 12 gezeigten Simulationsdatenbasis durchgeführt.

Allen Transitionen wurden technologisch bedingte Abarbeitungszeiten zugeordnet, um Aussagen über das zeitliche Verhalten des Prozesses zu erhalten. Da die Transportzeit linear von der Entfernung Quell-Zielposition abhängt, kann sie aus den Markenattributen berechnet werden. Dieser Zahlenwert wird zusätzlich mit einem modifizierbaren Faktor und der Einheit versehen.

Die Darstellung der Ergebnisse erfolgt in Simulationsprotokollen, die ablauforientierte Teile (trace) und Analyseteile aufweisen. Einen Ausschnitt aus einem solchen Protokoll zum Beispielsystem zeigt Bild 13.

Interessant sei die Auslastung des Transporters. Für jeweils ca. 1 Stunde sollen die 3 Situationen

a) normaler Betrieb
b) 4fache Verfahrgeschwindigkeit des Transporters
c) wie b), aber Ausfall von 2 Bearbeitungszentren

nacheinander untersucht und analysiert werden.

Die Auslastung des Transporters entspricht der zeitlichen Markenbelegung des Kanals *STR_FREI*.

Die Simulationszeit wird auf jeweils 1 Stunde (keine Echtzeit) festgelegt, und danach werden die Resultate ausgegeben. Die erhöhte Verfahrgeschwindigkeit wird durch Ändern des Faktors in der Simulationsdatenbasis auf 1 erreicht (z. B. TRANS_WS TOKEN 1 SEC).

Der Ausfall von Bearbeitungszentren kann durch „manuelle" Entnahme von Marken aus dem Netz, z. B. 2 Marken vom Kanal BAZ_DWI, simuliert werden.

zu a) Bild 14a

Der Transporter war zwar 12mal frei, wurde aber offenbar ohne Verzug sofort wieder belegt und war somit 100%ig ausgelastet.

zu b) Bild 14b

Der Transporter war 36mal frei und ruhte 6:24 min. Die Auslastung ergibt sich zu 100% − 11% = 89%.

zu c) Bild 14c

Der Transporter war 11mal frei und ruhte 39:59 min. Die Auslastung ergibt sich zu 100% − 67% = 33%.

Für statistisch gesicherte Simulationsergebnisse müßte die Simulationszeit sicher höher bemessen werden. An dieser Stelle sollte nur ein kleiner Einblick in die Möglichkeiten des Simulationssystems gegeben und demonstriert werden, daß schnell und unkompliziert verschiedenste Experimente durchführbar sind. *Schluß*

Literatur

/4/ Meyer, G.; Fensch, S.; Kunke, W.; Lange, J.: Softwareentwurf in der Steuerungstechnik. In Roth (ed.): Beiträge zur Mikrocomputertechnik, Verlag Technik Berlin 1986
/5/ Myers, G. J.: Data flow machine architecture. Advances in computer architecture, chap. 22, John Wiley & sons
/6/ Wirth, N.: MODULA-2. Berichte des Instituts für Informatik, ETH Zürich, Vol. 36

REDABAS-Entwicklungshilfe

Die rasche Ablösung der vielen kleinen Datenbestände, die bisher auf Karteikarten u. a. gehalten wurden, ist effektiv nur durch den Einsatz eines Datenbanksystems (z. B. REDABAS/dBase) möglich. Für die Erfassung und Verwaltung dieser Datenbestände wurde eine allgemeine Kommandodatei entwickelt mit folgenden Funktionen:

- schnelle Eingabe von Datensätzen (Erweitern der Datei) mit den Entscheidungen:
  - Korrektur des erfaßten, aber noch nicht abgespeicherten Satzes
  - Abspeichern des Satzes und Erfassen des nächsten Satzes
  - Verwerfen des soeben erfaßten Datensatzes
- komfortable Korrektur von Datensätzen (Verwaltung des Datenbestandes ohne weitere Hilfsmittel) mit den Unterfunktionen:
  - Vor- und Rückwärtsblättern in der Datei, dabei wird je ein Satz (entspricht einer Karteikarte) auf dem Bildschirm angezeigt
  - Editieren (d. h. Ändern und Korrigieren) des aktuellen Satzes
  - Löschen des angezeigten Satzes
  - Finden des nächsten Satzes lt. Schlüsselfeld.

Mehrere dieser Kommandodateien werden durch eine Hauptkommandodatei bedient. Außerdem ist noch ein Anschluß für den Listendruck möglich. Für die Anwendung dieser Lösung wurde ein TURBO-PASCAL-Programm dBKartei (Datenbank-Kartei) entwickelt, welches die Grundstruktur eines solchen Projektes erzeugt. Das Programm dB-Kartei ist auf BC/PC (8-Bit-Technik) unter einem CP/M-kompatiblen Betriebssystem einsetzbar und für REDABAS und dBase gleichermaßen geeignet. Bei einer Laufzeit von etwa 10 Minuten kann ein (kleines!) Datenerfassungsproblem zusammen mit REDABAS/REDAMASK oder dBase/ZIP innerhalb weniger Stunden gelöst werden.

VE Forschungsinstitut für Obst- und Gemüseverarbeitung, Nicolaistr. 5, Magdeburg, 3018; Tel. 222112 App. 49

Gaßmann

Mikrorechnerbaugruppensystem

Das NANOS-Mikrorechnerbaugruppensystem ist eine Entwicklung der Ingenieurhochschule für Seefahrt Warnemünde/Wustrow und wird zentral im Betriebsteil (BT) Entwicklungs- und Produktionsstätte mikroelektronischer Rationalisierungsmittel (EPMR) des VEB Datenverarbeitungszentrum (DVZ) Rostock gefertigt.
Es bietet hard- und softwareseitig die Möglichkeit, den Schritt von sogenannten Insellösungen zu komplexen, mit den Prozessen verknüpften Rechnersystemen zu vollziehen. Mittels des NANOS-Sortimentes lassen sich die verschiedensten Ausführungen der Prozeßanbindung realisieren wie

- Einsatz als Ergänzungsmodul
- Einsatz als spezialisiertes NANOS-Prozeßterminal in Verbindung mit dem PC über ein Standard-Geräteinterface (Feldbus) oder
- Einsatz als NANOS-Terminal im lokalen Netz.

Die Anwendungsgebiete sind äußerst vielfältig, z. B.:

- Automatisierung von Laboratorien
- Automatisierung von einzelnen industriellen Prozessen ohne hohe Echtzeitforderungen
- automatische Steuerung von Sondermaschinen und Rationalisierungslösungen
- Automatisierung der Produktionsdatenerfassung
- Automatisierung der Erfassung von TUL-Prozeßdaten
- Steuerung von Meß-, Prüf- und Simulationseinrichtungen
- effektivere Auslastung hochwertiger Rechnerperipherie.

Der Systembus des NANOS-Baugruppensystems entspricht im wesentlichen der TGL 37271 und ist somit elektrisch zum K-1520-System kompatibel (Prozessorbasis U880). Durch die Orientierung auf Systemkompatibilität zu CP/M können leistungsfähige Rechnerarbeitsplätze mit NANOS-Baugruppen realisiert werden. Auf Basis eines speziellen CP/M-kompatiblen Betriebssystems können so CP/M-Originalprogramme von Büro- und Personalcomputern teilweise übernommen werden.

VEB DVZ Rostock, BT EPMR, E.-Schlesinger-Str. 37, Rostock 6, 2500; Konsultationen zu technischen und kommerziellen Fragen: Abteilung Absatz (RA) Tel. 851141

Habetha

Grafiksystem zur Arbeit unter SCP

Für die in MP 2/1987, Seite 61, beschriebene Farbgrafiksteckeinheit CGD (unter UDOS arbeitend) wurde zur Ansteuerung der 256 × 256 Bildpunkte in 8 Farben mit je zwei Helligkeitsstufen ein universell einsetzbares Grafikpaket in PASCAL unter SCP entwickelt.
Das modular aufgebaute Grafikpaket besteht aus folgenden Teilen:

- Hardwarespezifische Anpassung für CGD-Steckeinheit
- Grafiksystem mit grundlegenden Grafikroutinen
- Routinen zur Textdarstellung.

Daneben existieren noch weitere Anpassungen für die Steckeinheit VIS 2A von der Akademie der Wissenschaften der DDR und für den Drucker EPSON LX-86. Das Grafiksystem beinhaltet grundlegende Grafikbefehle wie:

- Festlegen der Zeichenfarbe (COLOR)
- Zeichnen eines Punktes und einer Linie (PIXEL, LINE)
- Festlegen des Betrachtungsfensters (WINDOW) im Nutzerkoordinatensystem
- Festlegen des Darstellungsfensters (VIEW) am Bildschirm
- absolutes und relatives Zeichnen mit Clippen
- Füllen von Teilen und des gesamten Bildschirmes mit einer Farbe
- Schreiben und Einlesen eines Bildes von Diskette u. a.

Die Darstellung von Texten in verschiedenen Größen und Richtungen ist möglich, wobei wahlweise Texthintergrund ein- oder ausgeblendet werden kann.
Folgende Anwenderprogramme wurden unter Verwendung des Grafiksystems entwickelt:

- Zweidimensionale Darstellung von Funktionen und Zeitreihen
- dreidimensionale Darstellung von Funktionen mit oder ohne verdeckte Linien bei freier Wahl des Betrachtungspunktes
- Geschäftsgrafik (in Bearbeitung).

Forschungsinstitut für Textiltechnologie, Abt. PM, PSF 243, Karl-Marx-Stadt, 9010; Tel. 57090/436.

Dr. Gebhardt

Programmsystem Personalstatistik

Das Programm dient der Erfassung, Speicherung und Verarbeitung von Personaldaten, um den Arbeitsaufwand bei statistischen Analysen wesentlich zu senken. Mit diesem Programm ist es möglich, von jeder Person 43 verschiedene Merkmale zu speichern, die sich aus den Bereichen Personalien, betriebliche Kriterien, Parteien und Massenorganisationen, gesellschaftliche Funktionen, Auszeichnungen und Bildungsniveau zusammensetzen. 12 Merkmale sind durch ein Initialisierungsprogramm vom Anwender selbst modifizierbar. 51 Merkmale können zu einer logischen UND-Verknüpfung zusammengestellt werden, nach denen die Stammdatei selektiert wird.
Das Programmsystem erfüllt weitere Funktionen wie:

- Erstellen, Ändern, Löschen von Datensätzen
- Suchen in der Stammdatei nach festen und variablen Merkmalen
- Anfertigen von Erfassungsbelegen.

Die Ausgabe der Daten erfolgt wahlweise auf dem Bildschirm oder Drucker.
Je nach Diskettengröße und Formatierung ergeben sich Speicherkapazitäten für 320 bis 1600 Personen.
Das Programmsystem ist in BASIC geschrieben und lauffähig unter dem Betriebssystem SCP mit einem Bildschirmformat von 80 × 24 Zeichen.

VEB Robotron-Büromaschinenwerk „Ernst Thälmann" Sömmerda, BfN, Weißenseer Str. 52, PSF 43, Sömmerda, 5230; Tel. 43257 oder 42876.

Schröder

Gravur von Leiterplattennegativfilmen

In unserem Betrieb werden die Negative zur Leiterplattenbelichtung nicht mehr über den photographischen Umweg der Druckstockzeichnung hergestellt, sondern mittels eines Zeiss-Zeichentisches DZT 90 × 120 auf Gravurfolie graviert. Mit diesem Verfahren sind Schwierigkeitsstufen bis zu V durchaus zu beherrschen. Angesteuert wird der DZT von einem CP/M-2.2-kompatiblen Bürocomputer. Wir bieten dazu ein Steuerprogramm. Die Koordinatendaten werden bei uns von einem Digitalisiergerät DG 20 geliefert. Eine nutzereigene Anpassung an verschiedene Eingabeformate ist möglich. Für die Gravur eines Filmnegativs im K-1520-Format werden etwa zwei Stunden benötigt.

BKK Bitterfeld – Stammbetrieb – Territorialbereich Halle, DB FOPRO, Abt. Prozeßautomatisierung, Eisenbahnstraße 10, Halle, 4073; Tel. 464391 (Koll. Oertel)

Dr. Hiekel

Emulatormodul für U882 unter CP/M und FORTH

Für die Bedienung des U881/U882-EMR-Entwicklungsmoduls aus dem ZFT des KEAW wurde eine Terminalsoftware, die unter CP/M-2.2-kompatiblen Betriebssystemen lauffähig ist, geschrieben.
Weiterhin wird eine Lösung zur Entwicklung von FORTH-Programmen für dem EMR angeboten. Dazu gehören das FORTH-Laufzeitsystem, eine Bibliothek von z. Z. 54 FORTH-Worten und ein auf comFORTH basierendes Crosscompilersystem. Auf der Basis der Koppelsoftware unter CP/M 2.2 ist ein effektiver Test der FORTH-Programme auf dem EMR-Entwicklungsmodul möglich. Implementiert sind z. Z. Funktionen wie Datenstackanzeige, Haltepunkte auf FORTH-Niveau mit symbolischer Eingabe.

BKK Bitterfeld – Stammbetrieb – Territorialbereich Halle, DB FOPRO, Abt. Prozeßautomatisierung, Eisenbahnstraße 10, Halle, 4073; Tel. 464391 (Koll. Oertel)

Dr. Hiekel

Driver zur Kopplung DZT 120 × 90 – PC 1715

Die Ansteuerung des Digitalzeichentisches DZT 120 × 90 RS mittels PC 1715 unter dem Betriebssystem SCPX ist nach entsprechender Installation des Betriebssystems über den Printer-Driver möglich und üblich. Das hat jedoch zwei wesentliche Nachteile: Einmal ist der Parallelbetrieb Drucker/Zeichentisch in den wenigsten Fällen sinnvoll möglich, zum anderen kann der wichtige READ-Befehl des DZT-Befehlssatzes nicht genutzt werden.
In unserem Bereich wurde von einem Jugendforscherkollektiv ein Driver entwickelt, der als Maschinenunterprogramm in BASIC, FORTRAN, REDABAS den Datenaustausch PC – DZT über die V.24-Schnittstelle realisiert. Der Read-Befehl des DZT sowie ein unabhängiger Betrieb von Drucker und Zeichentisch sind möglich.
Mit geringfügigen Änderungen kann dieser Driver auch für den BC A 5120/5130 sowie für IFSB-Schnittstellen genutzt werden.

VEB Mansfeld Kombinat „Wilhelm Pieck", Werk Kupferbergbau/Markscheiderei, Markt, Lutherstadt Eisleben, 4250; Tel. 2641

Dr. Wordelmann

Aufbau und Arbeitsweise von 16-Bit-Mikroprozessoren

von W. Grafik, Reihe Automatisierungstechnik, Bd. 226. Berlin: VEB Verlag Technik 1987

In dieser Broschüre wird ein vergleichender Überblick zur Leistungsfähigkeit dreier typischer Vertreter von 16-Bit-Mikroprozessoren (U8000, K1810WM86, MC68000) gegeben.
Nach einem allgemeinen Überblick zur Entwicklung der Mikroprozessortechnik werden im ersten Teil die Architekturen der Prozessoren vorgestellt. Dabei stehen vor allem Hardwareaspekte, wie Prozessorstruktur, Pinbelegungen, Aufbau der Registersätze, sowie die unterschiedlichen Arbeitsweisen zur Speicherverwaltung im Vordergrund.
Im zweiten Teil folgt eine ausführliche Darlegung zu den verschiedenen Adressierungsarten aller drei Prozessoren. Dieser auf die Assemblerprogrammierung ausgerichtete Teil wird durch eine Reihe von Beispielen, Bildern und Tafeln aufgelockert. Die gewählte Darstellungsweise und die vergleichenden Übersichtstafeln ermöglichen dem Leser eine schnelle Einarbeitung in grundlegende Prozessoreigenschaften.
Obwohl im Anhang die Befehlsliste zum MC68000 (dem im Inhaltsverzeichnis eine Null verloren ging) fehlt, wurde das schwierige Problem, auf dem durch die Reihe Automatisierungstechnik begrenzten Seitenumfang drei 16-Bit-Mikroprozessoren zu vergleichen, gut gelöst.

Ulrich Oefler

VEM-Handbuch Automatisierungsanlagen

von einem Autorenkollektiv
VEB Verlag Technik, Berlin, 1. Auflage, 384 S., 211 Abb., 80 Taf., 38,– M

Mit der breiten Einführung des mikrorechnergestützten Prozeßleitsystems „audatec" des VEB GRW „Wilhelm Pieck" Teltow zur Automatisierung verfahrenstechnischer Prozesse ist aus der praxisorientierten VEM-Handbuchreihe das Fachbuch „Automatisierungsanlagen" über den Volksbuchhandel verfügbar.
12 Fachleute mit langjähriger Berufserfahrung (Red: Dr.-Ing. J. Kliemann) haben ihre bei Entwicklung, Errichtung und Nutzung von Automatisierungssystemen auf Mikrorechnerbasis gewonnenen Erkenntnisse zusammengefaßt und vermitteln anschaulich in acht Kapiteln Grundwissen über die Arbeitsweise dezentral strukturierter Prozeß-Leitsysteme.

Nach kurzer **Einführung** zu den generellen Entwicklungstendenzen und allgemeinen Hinweisen zur **Gestaltung von Automatisierungsanlagen** werden verfüg- und absehbare Anlagentechnik einzeln und im Komplex beschrieben sowie Einsatzvarianten in verschiedenen Industriezweigen angeboten. Im Hauptteil **dezentrale Automatisierungsanlagen** entwickeln die Autoren ein Anlagenaufbaukonzept von der Konfiguration über die Informationsgewinnung und -übertragung bis zur Anlagensicherheit, dem schließt sich eine umfangreiche und detaillierte Beschreibung neuer Baugruppen (z. B. Basissteuereinheiten, Pulssteuerrechner, Datenbahnsteuerstation, Monitore) an. Besonders wertvoll für den Nutzer ist die ausführliche und informative Erläuterung der Software. Im weiteren findet man Hinweise zur Prozeß- und Systemkommunikation und zu verfügbarkeitserhöhenden Maßnahmen.
Fertigung, Montage und Inbetriebnahme sind in ihren Hauptetappen und bezogen auf Baugruppen, Gefäße und Anlagen erläutert; Instandhaltung, Kundendienst und Schulung von Herstellern und Anwendern schließen den Problemkreis. Eine Auswahl bereits realisierter Anwendungsbeispiele in der Chemieindustrie, der Kraftwerksautomatisierung und der Metallurgie soll gewonnene Erfahrungen einem breiten Interessentenkreis zugänglich machen.
Nachgestellt sind ein ausführliches **Verzeichnis internationaler gesetzlicher Grundlagen, Verordnungen und Standards** sowie ein umfangreiches, abschnittsbezogenes **Literaturverzeichnis**. Das Werk ist kurz und sachlich, präzis und informativ gehalten. Zahlreiche Bilder und Tafeln erleichtern zudem das Verständnis und mit der sorgfältig ausgesuchten Sammlung von Standards und Literatur folgen die Autoren einem begrüßenswerten Trend.
Der Verwendungszweck reicht damit vom Nachschlagewerk bis zum Lehrbuch und wird besonders all jenen nützlich und zu empfehlen sein, die sich mit Entwicklung, Projektierung und Betrieb o. a. Technik befassen oder artverwandte Fachrichtungen studieren oder lehren.
Sie alle würden sich aber über eine bessere Papier- und Druckqualität in der 2. Auflage freuen, da dieses Fachbuch unter den rauhen Betriebsbedingungen vor Ort in allen potentiellen Einsatzfällen sicher schnell verschleißt.

Klaus G. Amler

PASCAL: Einführung – Programmentwicklung – Strukturen

von J. Plate/P. Wittstock, 3., durchges. und erweit. Auflage.
Franzis-Verlag GmbH München 1986, 426 Seiten, 59,– DM

Das vorliegende Buch setzt praktisch keinerlei Vorkenntnisse auf dem Gebiet der Rechentechnik voraus. Es wendet sich somit an den großen Kreis der Einsteiger in die Computerprogrammierung und bietet des weiteren dem Praktiker, der auf PASCAL umsteigen möchte, ein leicht lesbares, gründliches und umfangreiches Lehrmaterial.
Gemäß dieser Zielrichtung haben die Autoren die PASCAL-Sprachbeschreibung mit einigen Ausführungen zum Wesen eines Rechners und dessen Programmierung sowie mit einem Hardware-Überblick umrahmt. Die PASCAL betreffenden Abschnitte sind klar gegliedert, prägnant formuliert und geradezu verständniserzwingend dargestellt. Dabei bewährt sich wieder einmal die Methodik der Einheit von motivierender Globalerklärung, typischen Beispielen und Detailanalyse. Und auf diese Weise ist es auch nahezu mühelos gelungen, die allgemein etwas schwerer erlernbaren Teile wie die Behandlung von Datensatzstrukturen (Records), Files und dynamischen Variablen transparent zu machen. Allerdings werden vom etwas fortgeschrittenen Leser gerade an diesen Stellen umfassende syntaktische Schemata zur Unterstützung der Erklärungen vermißt. Sie werden jedoch in einem Anhang nachgereicht.
Das hier besprochene Buch legt den gesamten PASCAL-Sprachumfang gemäß User Manual and Report von Jensen/Wirth dar und berücksichtigt zudem die internationalen Standardisierungsbemühungen auf diesem Gebiet, soweit diese zum Zeitpunkt des Redaktionsschlusses zu konkreten Ergebnissen geführt hatten. Ein größerer Abschnitt am Ende befaßt sich mit den Spezifika von TURBO-PASCAL. Dadurch wird auf eine Implementation von ständig wachsender Verbreitung verwiesen. Der Anwender dieser Version kann jedoch auf umfangreichere Spezialliteratur nicht verzichten.

Prof. Dr. Jürgen Zaremba

UNIX als Basis für Softwareentwicklung

von T. Baggenstos, R. Marty, B. Mergler, P. Schnorf,
Springer Verlag Berlin – Heidelberg – New York – Tokyo 1986, 199 S.

Das zur Rezension vorgelegte Buch zu verschiedenen Aspekten der Arbeit mit dem Betriebssystem UNIX versteht sich als Arbeitshilfe, keinesfalls als Lehrbuch.
Wer bereits weiß, wie man programmiert und wie ein Betriebssystem arbeitet, braucht dafür keine Einführung mehr. Aber er braucht gleichsam eine Brücke zwischen seinen bisherigen Erfahrungen und den doch sehr gedrängten, knappen Spezialinformationen, die er in den UNIX-Systemunterlagen findet. Dieser Funktion wird das Buch vor allem durch die hohe Sachkenntnis der Autoren gerecht, die immer den Blick für die wesentlichen, an kaum einer anderen Stelle zu findenden Informationen offenhält.

Behandelt werden im einzelnen:
- UNIX-Systemübersicht mit den grundlegenden Datei-Prozeß- und Ein-/Ausgabekonzepten dieses Systems
- Beschreibung der UNIX-Benutzeroberfläche ‚shell' als Kommandointerpreter bzw. als Programmiersprache
- Eine sehr kurz gehaltene Übersicht über die Programmiersprache C
- Darstellung der wesentlichen Eigenschaften einiger Hilfsmittel zur Softwareentwicklung unter UNIX
- Beschreibung der Werkzeuge des UNIX-Systemprogrammierers.

Besonders gelungen sind dabei die Kapitel die sich mit der Benutzeradministration, mit der Dateisicherung/-wiederherstellung und mit der systemnahen Programmierung unter UNIX befassen. Der Leser findet hier eine Fülle nicht-trivialer, praxisnaher Programme und Beispiele, die besonders den sogenannten „UNIX-Superuser" interessieren.
Ins Auge fallen außerdem sofort die gut durchdachten, besonders anschaulichen Bilder, die dem Leser verschiedene Sachverhalte sehr übersichtlich präsentieren.
Die Schwäche des Buches ist ohne Frage die Tatsache, daß auf einem Umfang von etwa 200 Seiten jedes der genannten umfangreichen UNIX-Teilgebiete doch immer nur mehr oder weniger angerissen werden kann.

Dr. Ludwig Claßen

NEUERSCHEINUNGEN

Lokale Computernetze

von B. Lindemann
Herausgeber: Kombinat Robotron
Etwa 224 Seiten, Broschur, DDR etwa 16,80 M, Ausland etwa 18,50 DM
Bestellangaben: ISBN 3-349-00241-2
676 080 6/Lindemann, Computern.
LSV 0395, 130/87, FM 87

Ein solides Grundwissen und ein Überblick über das gesamte Gebiet der lokalen Netze wird hier vom Autor vermittelt. Die Broschüre soll künftigen Nutzern lokaler Netze bei der Auswahl des geeigneten Netztyps und bei ähnlichen Fragen die Entscheidungen erleichtern. Ausführlich werden die Steuerverfahren für lokale Netze behandelt. Dabei werden die Leistungsfähigkeit sowie die Vor- und Nachteile der einzelnen Verfahren verdeutlicht. Beschrieben ist ferner eine Auswahl international bekannter Netze, unter besonderer Berücksichtigung von Entwicklungen in der DDR.

Betriebssystem SCP für Personalcomputer

von K. Schmidt
Herausgeber: Kombinat Robotron
Etwa 240 Seiten, Broschur, DDR etwa 15,00 M, Ausland etwa 15,00 DM
Bestellangaben: ISBN 3-349-00255-2
676 086 5/Betriebssystem SCP/PC
LSV 0393, 128/87

Die Schrift führt in das grundlegende Betriebssystem für den Personalcomputer PC 1715 ein. Sie vermittelt Kenntnisse für die umfassende und wirkungsvolle Nutzung dieser Gerätetechnik und bildet die Grundlage für das Verständnis und die unmittelbare Nutzung der SCP-kompatiblen leistungsfähigen Softwarekomponenten. Die Funktionsweise des Betriebssystems wird vor allem aus der Sicht des Systemprogrammierers (Aufbau und Funktionsweise) dargestellt. Die Besonderheiten des Betriebssystems SCP 1700 für den Arbeitsplatzcomputer A 7100 (16-Bit-Technik) werden kurz aufgeführt.

Computer-Club

Unerklärliche Reaktionen der unter CP/M, CPA, SCP (X) ... lauffähigen Assembler M80 bzw. ASM

Nach Umsetzung eines ursprünglich für den U880-Cross-Assembler des KRS 4201 geschriebenen Programms auf den PC 1715 kam es bei der Assemblierung bei Befehlen der Art

```
JP    Z,MARKE
JR    Z,MARKE
CALL  Z,UP
RET   Z
JP    NC,MARKE
JR    NC,MARKE
CALL  NC,UP
RET   NC
```

zur Meldung des fatalen Fehlers „A". Tatsächlich war auch der erzeugte Operationscode falsch (z. B. 20H anstelle von 28H bei JR Z, ...).

Als Ursache wurde die Existenz von zwei Marken Z: und NC: im Programm ermittelt. Die entsprechenden Programmzeilen waren jedoch durch den Assembler nicht beanstandet worden.

Offensichtlich dürfen also die Zeichenketten, die Sprungbedingungen angeben (Z, NZ, C, NC, M, P, PE, PO) nicht als Marken verwendet werden, wenn mit den o. g. Assemblern gearbeitet werden soll.

Dr. Thomas Heinke

BASIC-Interpreter für Z1013

Seit einiger Zeit wird vom Robotron-Industrieladen Erfurt der an den MRB Z1013 angepaßte HC-BASIC-Interpreter auf Kassette vertrieben.

Zur Nutzung erreichten uns als Computer-Club zahlreiche Anfragen, die die Arbeit mit dem HC-BASIC bei einer RAM-Konfiguration von 64 KB betreffen.

Dazu von uns ein allgemeiner Hinweis:

- Nach dem Start des Interpreters mit J 300 ist auf die Abfrage der Speichergröße bei 64 KB-RAM als maximal nutzbare Adresse (dezimal) 60415 einzugeben und mit ENTER zu quittieren. Wird diese Einschränkung nicht vorgenommen, so belegt der BASIC-Interpreter den Bildwiederholspeicher und blockiert das System.

Abschließend sei noch die Anfrage an den VEB Robotron-Vertrieb Erfurt gestellt, warum jeder Interessent die Programmkassette in Erfurt abholen muß und kein Nachnahmeversand möglich ist.

Hans-Jochen Bachmann
Computer-Club des Robotron-Anlagenbaus

Zu der Anfrage zum Vertrieb der Programmkassetten schrieb uns Kollege Daume, Direktor für Vertrieb des VEB Robotron-Vertrieb Erfurt:

An den Industrieladen des VEB Robotron-Vertrieb Erfurt ergeben sich nicht nur bezüglich der Programmkassetten, sondern auch bei anderen Waren Forderungen der Kunden nach einem Nachnahmeversand. Da die Verkaufseinrichtung – wie jedes andere Einzelhandelsgeschäft – nicht auf einen Versandhausbetrieb eingerichtet ist, kann der Vertriebsweg „Nachnahmeversand" nicht realisiert werden.

Als Entgegenkommen wird jedoch den Kunden weitgehend auch bei telefonischer Nachfrage eine Reservierung der im Angebot befindlichen Waren gewährleistet.

Zeitmessung mit kaskadierten CTC-Kanälen

Mit der IS U857, programmiert als Zeitgeber, können bei einer Systemtaktfrequenz von 2,5 MHz Ereignisse mit einer Genauigkeit von 6,4 μs ausgezählt werden. Sind die zu bestimmenden Zeitintervalle länger als 1,64 ms, müssen mehrere Kanäle der CTC mit Hilfe der Kanalausgänge ZC/TO kaskadiert werden. Hierbei arbeiten die nachgeschalteten Kanäle im Zählermode. Mit zwei Kanälen, Zeitgeber und Zähler, lassen sich bereits Zeitintervalle von maximal 420 ms messen. Problematisch erweist sich jedoch das Auslesen der kaskadierten Kanäle, da hierfür mehrere IN-Befehle benötigt werden. Ganz gleich, ob man zuerst den Zeitgeber oder den Zähler ausliest, in jedem Fall kann ein Übertrag während des Auslesens das Zählergebnis verfälschen. Die eindeutige Behandlung eines möglichen Übertrages kann softwaretechnisch nur durch mehrmaliges Auslesen und Vergleichen der entsprechenden CTC-Kanäle realisiert werden. Viel einfacher wird das Auslesen, wenn die Zählerkaskade steht. Dazu muß vom Programm der Zeitgeber angehalten werden, welches durch Setzen des Bits D1 (D1=1) im Kanalsteuerregister erreicht wird /1/. Leider wird in jedem Fall mit D1=1 der Kanal auch rückgesetzt, so daß ein nachfolgendes Auslesen des Zeitgeberzählerstandes nicht mehr möglich ist. Versuche mit verschiedenen Kanalsteuerwörtern ergaben, daß der gewünschte Effekt, Zeitgeber stoppen ohne rücksetzen, eintritt, wenn der Zeitgeber mit dem Steuerwort 41H in den Zählermode umprogrammiert wird. Ferner wurde festgestellt, daß der so umprogrammierte Kanal Impulse, die am Eingang CLK/TRG möglicherweise anliegen, nicht zählt. Wieder aktivieren läßt sich der CTC-Kanal mit einem Kanalsteuerwort, in dem D1 gesetzt ist. Das folgende Programmbeispiel benutzt zwei kaskadierte CTC-Kanäle und wurde an mehreren Schaltkreisen erprobt.

Christian Schiewe

```
; Programmbeispiel
;  CT1,CT2: Adressen der CTC-Kanäle
;
        ...
        ...
        CALL DCTI           ;CTC initialisieren
        ...
        ...
; CTC-Kanäle auslesen
;
        ld a,41h            ;CTC-Zeitgeber HALT!
        out (CT1),a
;
        IN A,(CT2)          ;Zähler lesen
        NEG
        LD H,A
        IN A,(CT1)          ;Zeitgeber lesen
        NEG
        CALL DCTI           ;CTC wieder init.
        LD L,A              ; HL enthält Zählwert
        ...
        ...
; UP: CTC - Initialisierung
;
DCTI:   PUSH AF
        LD  A,57H           ;Steuerwort Zähler
        OUT (CT2),A
        LD A,07H            ;Steuerwort Zeitgeber
        OUT (CT1),A         ;Vorteiler 16
        XOR A
        OUT (CT1),A         ;Zeitgeber löschen
        OUT (CT2),A         ;Zähler löschen
        POP AF
        RET
```

Literatur

/1/ Kieser, H.; Meder, M.: Mikroprozessortechnik, Berlin, VEB Verlag Technik, 1985, 3. Auflage

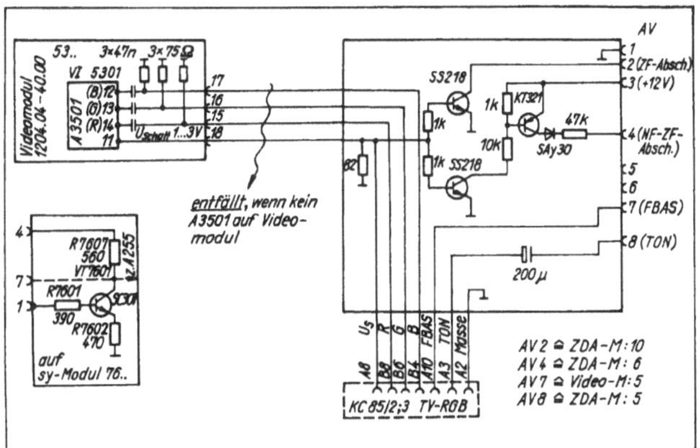

KC 85/2(/3)-Tip

Bild- und Tonanschluß mit RGB-Qualität für Farbfernsehgeräte der Serie 4000

Die Schaltung bietet bei Rechnereinschaltung die automatische Umschaltung von Fernsehbildwiedergabe auf Wiedergabe des vom Kleincomputer kommenden Bildes und Tones. Das Computerbild wird je nach Konfiguration des eingesetzten Fernsehgerätes in RGB- oder nur in FBAS-Qualität erzeugt. Benötigt wird ein Farbfernsehgerät der Serie 4000 (Colormat oder Colortron). Robotronfarbfernsehempfänger sind mit der auf diese Geräte zu modifizierenden Schaltung ebenfalls anschließbar.

Für RGB-Bildwiedergabe ist der VI 5301 IS A3501 auf dem Videomodul 1204.04-40.00/1, 2/ notwendig. Es müssen die 3 × 45-nF-Kondensatoren und die 3 × 75-Ohm-Widerstände zwischen Pin 12...14 der VI 5301 (Helligkeit des RGB-Bildes ist durch Widerstandswert beeinflußbar) und den Videomodulanschlüssen 15...17 gemäß dem Bild nachgerüstet werden. Zudem ist die Brücke zwischen Pin 11 der VI 5301 und Modulanschluß 18 zu legen. (Sämtliche Leiterzüge und Lötaugen sind auf dem Modul vorhanden.)

Das SY-Modul ist auf das Vorhandensein des VT 7601 SC 307 zu überprüfen. Bei Nichtvorhandensein ist der Transistor mit seine Anschlußwiderständen gemäß dem Bild nachzurüsten. In diesem Fall entfällt der in ab 1986 gefertigten Fernsehempfängern statt seiner eingesetzte 120-Ohm-Widerstand von SY-Modul, Anschluß 7 in Richtung VI 7601 A255 /3/.

Die RGB- oder FBAS-Bild- und Tonansteuerung ist als Modul gefertigt und auf den auf der Gerätegrundplatte vorhandenen AV-Platz gesteckt (wenn Kontaktstifte nicht vorhanden sind, dann mit 1,5-mm-Cu-Drahtstücken nachrüsten), die RGB- und

(Fortsetzung auf Seite 62)

Bild 1 Das „Sieger"-Exponat – Floppy-Anschluß an KC 87

Bild 2 Prof. Jugel überreicht den Hauptpreis des Hardware-Wettbewerbs

Anläßlich des 750jährigen Berlinjubiläums fanden am 1. und 2. August vergangenen Jahres die „Dresdener Tage" statt, auf denen der Elbe-Bezirk sich und seine Leistungen vorstellte. Im Rahmen dieser Präsentation riefen der Kulturpalast Dresden, VEB Robotron-Meßelektronik Dresden und die TU Dresden, Informatikzentrum und Sektion Informationstechnik, zur 1. Programmierolympiade und zum Kleincomputer-Hardware-Wettbewerb auf.

Kleincomputer-Hardware-Wettbewerb

Der Leistungsvergleich stand unter dem Motto *Peripherie-Geräte für den KC 85/1 und den KC 87 aus Dresden*. Erwartungsgemäß fand der Wettbewerbsaufruf ein sehr breites Echo, wenn auch auf Grund der Vergleichbarkeit der Exponate, die bewußt beschränkte Thematik, nicht die Arbeiten aller „Computer-Freaks" in die Bewertung einbezog. Nach sorgfältiger Begutachtung der eingereichten Leistungen innerhalb der Laboratorien der Technischen Universität Dresden wählte eine Jury aus Mitarbeitern der Bildungseinrichtung und des Kombinats Robotron die vier besten Exponate (Floppy-Anschluß mit 64kdRAM-Erweiterung (Bild 1), programmierbarer Zeichengenerator, Einchip-Mikrorechner-Emulator und EPROM-Floppy) aus.

Innerhalb der Veranstaltung *simultan-wissenschaft live* am 1. und 2. August hatten die Berliner und ihre Gäste in der Kongreßhalle die Möglichkeit, die Besten des Wettbewerbs mit ihren Exponaten in Augenschein zu nehmen.

Zum Abschluß der Veranstaltung erhielt ein Studentenkollektiv aus den Händen des Betriebsdirektors des VEB Robotron Meßelektronik „Otto Schön", Prof. Dr. Jugel, den Hauptpreis, ein Mini-Floppy-Laufwerk (Bild 2). Der Wettbewerb sowie die Leistungsschau in Berlin bewiesen erneut das sehr breite Interesse in Sachen Computertechnik.

Eckhardt Herzmann

1. Programmierolympiade

Der beste Programmierer aus Studium, Lehre und Praxis, aus den Computerclubs und dem Kreis der Hobbyanwender war gesucht. Am 1. und 2. August 1987 sollten die Besten ihre Leistungen an Kleincomputern KC 87 des VEB Kombinat Robotron demonstrieren. Folgende Aufgabe war zu lösen:

Für eine Datenbasis waren eine Organisationsform für den Hauptspeicher und Algorithmen zu entwickeln und in

(Fortsetzung auf Seite 63)

(Fortsetzung von Seite 61)

US-Verbindung wird weiter auf das Videomodul gezogen. Das FBAS-Signal wird direkt vom TV-RGB-Port des KC über das Modul an AV7 geführt. Im Falle der Computer-RGB-Bildwiedergabe über den IS A3501 wird nur der an AV7 gelangende Synchronanteil benötigt. Bei Vorhandensein des Videomoduls 1204.00-40.00 (ohne IS A3501) entfällt die Signalweiterführung zum Videomodul. Das vom Computer an AV7 gelangende FBAS-Signal dient hierbei zusätzlich der Bildwiedergabe. Die Wiedergabe des Computerbildes in FBAS-Qualität steht der in RGB-Qualität nicht viel nach.

Die vom KC 85/2(/3) kommende Schaltspannung darf an Pin 11 des IS A3501 1 ... 3 V betragen. Sie steuert die Umschaltung des Fernsehgerätes auf Computerbild- und Tonwiedergabe bei gleichzeitiger Wegschaltung der zugehörigen TV-Signale. Bei anliegender Schaltspannung US wird AV2 auf Masse gelegt (Abschaltung des VI 7201 A241 auf ZDA-Modul); AV4 führt dann etwa 11 V (Abschaltung des Ton-ZF-Kanals VI 7202 A223 Pin 2). Die Einspeisung des Computertons erfolgt über AV8. Durch Zusätze zur Schaltung (Heruntersetzen der TTL-RGB-Signale auf 1 V gemäß den RGB-Eingangserfordernissen am Videomodul Pin 15; 16; 17, Verwendung des Signals BAS bzw. LUM zur Synchronisation, Erzeugen der Umschaltbedingung evtl. abgeleitet vom SYNC-Signal) sind auch Commodore-, Schneider- und andere Rechner mit RGB- bzw. nur FBAS-Peripherie über obige Schaltung an die genannten Farbfernsehgeräte anschließbar /5, 6/.

Egmont Blochwitz

Literatur

/1/ Schornack, W.; Wachsmuth, R.: Die RGB-Ansteuerung der Farbbildröhre mit der Videokombination A3501D. Radio, Ferns., Elektron., Berlin 35 (1986) 1, S. 31–34

/2/ Schornack, W.: Farbfernsehempfänger Colormat und Colortron der Serie 4000. Radio, Ferns., Elektron., Berlin, 34 (1985) 7, S. 439–444

/3/ Schornack, W.; Sonka, U.: Videorecorderanschluß für Farbfernsehempfänger. Radio, Ferns., Elektron., Berlin 35 (1986) 7, S. 439–442

/4/ System-Handbuch KC 85/3

/5/ Handbuch Commodore 128

/6/ Kundendienst Handbuch Schneider CPC 464

Erweiterter Service für Festkommazahlen für Kleincomputer

Wird der Computer für Berechnungen eingesetzt und werden die Ergebnisse ausgegeben, ist oft ein ungünstiges Druckbild zu bemängeln. Die Darstellung Komma unter Komma genügt z. B. bei Geldbeträgen nicht. Mit dem hier dargestellten Unterprogramm werden beliebige Zahlen als Festkommazahlen auf dem Drucker oder dem Bildschirm ausgegeben. Die Anzahl der gerundeten Nachkommastellen wird im Unterprogramm mit einer natürlichen Zahl (SZ), die größer als 0 sein sollte (für 0 kann einfacher die Integer-Funktion genutzt werden), festgelegt. Die zu formatierende Zahl wird mit dem Variablennamen Y in das Unterprogramm übergeben. Die formatierte Zahl steht unter Y$ zur Verfügung. Mit der numerischen Variablen H kann die formatierte Zahl in der Spalte Komma unter Komma ausgerichtet werden. Im Unterprogramm wird noch die Hilfsstring-Variable H$ zur Zwischenspeicherung benutzt.

Das Unterprogramm kann in weniger Zeilen, als hier angegeben, untergebracht werden und sollte, bei sehr häufigem Aufruf, noch vor dem Hauptprogramm untergebracht werden.

Hans-Jürgen Gatsche

```
10 REM *** TESTRAHMEN ***
20 WINDOW 0,31,0,39 : COLOR 7,1 : CLS : WINDOW
30 FOR X = -10 TO 10 STEP .5
40 Y = RND(1) * X : REM  ZU FORMATIERENDE ZAHL
50 GOSUB 1000 : PRINT TAB(20-H); Y$
60 NEXT : END
999 REM *** UP  PRINT USING - ERSATZ  XXXX.XX ***
1000 SZ = 2 : REM  NACHKOMMASTELLENZAHL >1
1010 Y = INT(Y * 10^SZ +.5)/10^SZ : Y$ = STR$(Y)
1020 IF INSTR(".",Y$) = 0 THEN Y$ = Y$ + ".000000" : ELSE Y$ = Y$
+ "00000"
1030 H = INSTR(".",Y$) : Y$ = LEFT$(Y$,H+SZ) : H$  = RIGHT$(Y$,
LEN(Y$)-H)
1040 IF INT(Y) = 0 AND Y > 0 THEN Y$ = "0." + H$
1050 IF INT(Y) =< 0 AND Y > -1 AND Y < 0 THEN Y$ = "-0." + H$
1060 H = INSTR(".",Y$)
1070 RETURN
```

Bild 3 55 Einsender erhielten die Möglichkeit der Teilnahme am Vor- und Endausscheid in Berlin

Bild 4 Ralf Krebs mit dem 1. Preis der Programmierolympiade – einem KC 87

Fotos (4): Paszkowsky

BASIC zu implementieren. Die folgenden Operationen sollten dabei so realisiert werden, daß die erforderlichen Suchvorgänge auch bei großen Datenbeständen sehr schnell ausgeführt werden:

- Einlesen der Datenbasis, die als Datei auf Magnetbandkassette unsortiert vorliegt und Aufbau der Datenstrukturen im Hauptspeicher. Die auf Magnetband befindliche Datenbasis war zu dimensionieren mit DA$ (200,2).
- Einlesen eines Schlüsselwortes von der Tastatur.

Ist ein Satz mit diesem Schlüssel in der Datenbasis, wird er auf dem Bildschirm angezeigt.
Der Nutzer hat die Möglichkeit
– den Informationsteil zu ändern und in die Datenbasis zu speichern
– den Satz zu löschen.
Ist der Satz mit diesem Schlüssel nicht in der Datenbasis, kann der Nutzer
– die Operation beenden
– den Informationsteil eingeben und den Satz in die Datenbasis einfügen.

- Ausgabe der geänderten Datenbasis auf Magnetbandkassette.

Ein Satz hat folgenden Aufbau:
Schlüssel:
Zeichenkette aus max. 8 Buchstaben, evtl. mit Leerzeichen aufgefüllt
Informationsteil:
Zeichenkette aus max. 20 Zeichen
Maximale Anzahl der Sätze: 200

Die beschriebene Aufgabe war mit einem Robotron-Kleincomputer zu lösen. Die Lösung hatte folgende Teile zu umfassen:

- BASIC-Programm auf Magnetbandkassette
- Dokumentation (max. 5 Seiten A4)
  – Nutzerbeschreibung
  – Kurzdarstellung der Lösungsidee
  – Darstellung der Programmstruktur
  – Beschreibung der Teststrategie

Bewertet wurden in der Reihenfolge

- Korrektheit der Lösung
- Klarheit und Verständlichkeit von Programmen und Dokumentationen
- Originalität der Lösungsidee
- Effizienz der Lösung (Rechenzeit und Speicherbedarf)

Insgesamt beteiligten sich etwa 520 Jugendliche im Alter von 14 bis 26 Jahren an diesem Wettbewerb. Nach einer Vorauswahl erhielten 55 Einsender die Möglichkeit der Teilnahme am Vor- und Endausscheid in Berlin. In Berlin erhielten alle Teilnehmer eine geänderte Aufgabenstellung, und nach einer Vorbereitungszeit waren

– das mitgebrachte Programm in den Rechner einzugeben
– die Änderungen am eigenen Programm auszuführen, die der gestellten Aufgabe gerecht werden und
– die Korrektheit des geänderten Programms anhand von Testdaten der Wettbewerbskommission zu überprüfen.

Diejenigen Teilnehmer, die diese Aufgabe am schnellsten lösten, kamen in den Endausscheid. Von der Kommission wurde unter Ausschluß des Rechtsweges die Rangfolge der Lösungen einschließlich ihrer Dokumentation festgelegt.
Die Auswahl des Siegers erfolgte im Endkampf nicht mehr nach dem Gesichtspunkt des effektiv gestalteten Programmes, sondern es war die Beherrschung der Programmiersprache, der Technik und der eigenen Lösung zu beweisen.
Das Programm des Siegers, Ralf Krebs, Neubrandenburg, stellt damit nicht zwingend die optimale Lösung dar, es hatte aber die besten Eigenschaften hinsichtlich der Forderung nach einer Änderbarkeit.
In Bild 5 (siehe S. 64) ist das Programm in der Originalfassung wiedergegeben. Für die Nutzung sind die einzelnen Module durch ein geeignetes Menübild mit entsprechenden Auswahlmöglichkeiten zu verbinden. Ein Überblick über die einzelnen Programmteile wird durch Bild 6 vermittelt.

Prof. Dr. Rolf Giesecke,
Dr. L. Schönfelder

Programm KREBS

1. Nutzerbeschreibung

1.1. Vorbemerkungen

Das Programm wurde an Kleincomputern KC 85/1 (BASIC- und 1 RAM-Modul) und KC87 (1 RAM-Modul) entwickelt. Es benötigt jedoch den zusätzlichen RAM-Modul nicht.

1.2. Programm einlegen und Programmstart

Das Programm wird mit:
CLOAD "KREBS"
in den Computer eingelesen. Anschließend kann es sofort ohne weitere Modifikationen durch Betätigung der Taste:
RUN gestartet werden.

1.3. Weiterer Ablauf

Der weitere Ablauf wird durch die Ausgabe von entsprechenden Mitteilungen gesteuert. Als erstes wird z. B. der Name der zu bearbeitenden Datenbasis abgefordert. Bei der Eingabe von variabel langen Zeichenketten (Name der Datenbasis, Schlüsselwörter Informationsteile) sind keine begrenzenden Hochkomma erforderlich. Die Eingabe wird stets durch Betätigung der Taste ENTER abgeschlossen.
Eine Ausnahme bildet der Fall, wenn bei Eingabe der Schlüsselworte oder der Informationsteile die maximal erlaubte Länge erreicht wird. In diesem Fall wird die Eingabe automatisch beendet.

2. Kurzdarstellung der Lösung

Um einen schnellen Zugriff auf die Daten zu gewährleisten, wird das Verfahren binäres Suchen eingesetzt. Es findet einen beliebigen Satz unter 200 Sätzen in maximal 8 Suchschritten. Das binäre Suchen setzt einen sortierten Datenbestand voraus. Somit ergibt sich folgender Grobablauf:

① Einlesen der Datenbasis
② Sortieren der Datenbasis
③ Bearbeiten im Sinne der Aufgabenstellung
④ Ausgabe der geänderten Datenbasis.

Um das Warten beim ehemaligen Sortieren so gering wie möglich zu halten, wurde ein QUICK-Sort-Verfahren eingesetzt. Es bezieht seine Leistungsfähigkeit im wesentlichen aus drei Punkten.

① Indizierung der Datenelemente
② Ringtausch
③ Vorsortierung.

Aufgrund der Besonderheiten von BASIC-Interpretern wurden die Sortierung und das binäre Suchen am Anfang des Programms in komprimierter Form eingegeben.
Des weiteren wurden aus der Aufgabenstellung mehrere Einschränkungen abgeleitet:

① Kein Assemblerunterprogramm (Programmiersprache: BASIC)
② DA$(0,m) und DA$(n,0) bleiben leer (200 Datenelemente mit je 2 Bestandteilen und DIM DA$ (200,2) [m = 0...2, n = 0...200]
③ Es wird aufgrund fehlender Vorgaben ein ab DA$(1,m) lückenlos abgespeicherter Datenbestand vorausgesetzt
④ Die geänderte Datenbasis wird aufgrund fehlender Vorgaben unsortiert wieder ausgegeben.

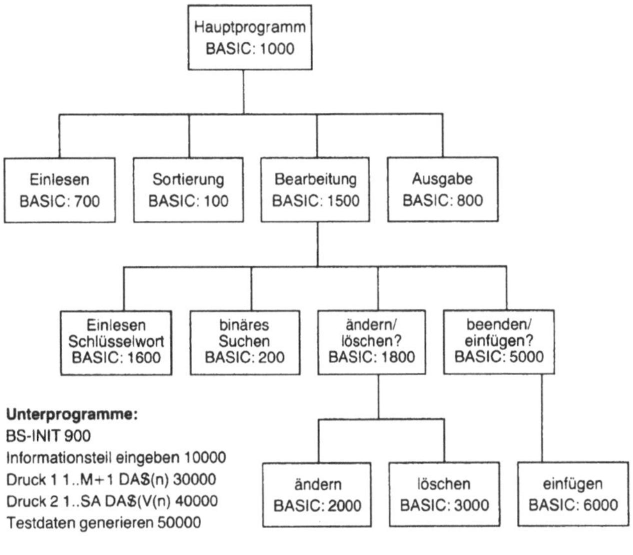

Bild 6 Programmstruktur

```
LIST

10 GOTO1000
100 FORI=2TON:IFDA$(I,2)<>""THENV(I)=I:NEXT:ELSES=I-1:SA=S
110 S=INT(S/2):IFS=0THENRETURN
120 FORI=S+1TOSA:W=V(I)
130 FORJ=ITOS+1STEP-S:IFDA$(V(J-S),2)<=DA$(W,2)THEN150
140 V(J)=V(J-S):NEXTJ
150 V(J)=W:NEXTI:GOTO110
200 OB=SA:UN=1 :NR=0
210 MI=INT((OB+UN)/2):IF UN>OB THENRETURN
220 IF ZW$<DA$(V(MI),1) THEN OB=MI-1 :GOTO210
230 IF ZW$>DA$(V(MI),1) THEN UN=MI+1 :GOTO210
240 NR=MI
250 RETURN
400 DA$(0,0)=STR$(V(1))
401 M=V(1)
410 FOR I=1 TO SA-1
420 DA$(M,0)=STR$(V(I+1))
425 M=V(I+1)
430 NEXT
435 DA$(M,0)="0"
440 !
450 M=   VAL(DA$(0,0) )
460 PRINT DA$(M,2),DA$(M,1):IF DA$(M,0)="0"THEN RETURN
475 M=VAL(DA$(M,0))
490 GOTO460
700 !EINLESEN
705 INPUT "1. EINGABE DATEINAME: ";F$:PRINT
710 PRINT "2. BAND AUF DATENBESTAND POSITIONIEREN" :PRINT
720 PRINT "3. WIEDERGABE STARTEN" :PRINT
730 PRINT "4. BEI ERTOENEN DES VORTONS BITTE DIE"
740 PRINT "   TASTE: ENTER BETAETIGEN.":PRINT
750 IF INKEY$<>CHR$(13)THEN750
760 PRINT "5. BITTE WARTEN":PRINT
765 !GOSUB50000
770 CLOAD*""+F$;DA$
780 RETURN
800 ! AUSGABE
810 PRINT"1. BAND POSITIONIEREN":PRINT
820 PRINT"2. AUFNAHMETASTEN BETAETIGEN":PRINT
830 PRINT"3. DANACH SOFORT DIE TASTE: ENTER"
835 PRINT"   BETAETIGEN":PRINT
836 IF INKEY$<>CHR$(13)THEN836
840 PRINT"4. BITTE WARTEN!":PRINT
850 CSAVE*""+F$;DA$
860 RETURN
900 !BS-INIT
910 WINDOW0,19,0,39:OUT136,4:PAPER1:INK3:CLS
920 PRINT" --- WIR BEHERRSCHEN DEN COMPUTER    "
930 PRINT"            TEILNEHMER: RALF KREBS":PRINT
940 RETURN
1000 !HAUPTPROGRAMM
1010 CLEAR6100
1020 J=0:N=200:DIM DA$(N,2),V(N)
```

```
1030 GOSUB900:GOSUB700:!EINLESEN
1040 V(1)=1:S=N:SA=N
1050 GOSUB900:PRINT"   BITTE WARTEN":PRINTAT(4,0);" ":GOSUB1
00:!SORT
1060 GOSUB400:!NEU
1070 GOSUB900:GOSUB800:!AUSGEBEN
1080 GOSUB900
1090 PRINT"RECORDER STOPPEN!":PRINT
1100 PRINT"             AUF WIEDERSEHEN"
1110 END
1500 !BEARBEITEN
1510 GOSUB1600:!EINLESEN SCHLUESSEWORT
1520 IF ZW$="" THEN RETURN
1530 GOSUB200:!BINAERES SUCHEN
1540 IF NR=0 THEN GOSUB5000:ELSE GOSUB1800
1550 GOTO1510
1600 ! EINLESEN SCHLUESSELWORT
1610 GOSUB900:!BS INIT
1611 PRINT"KLEINSTER SCHLUESSEL: ";DA$(V(1),1)
1612 PRINT"GROESSTER SCHLUESSEL: ";DA$(V(SA),1):PRINT
1613 PRINT"ANZAHL DER SAETZE:";SA:PRINT
1620 PRINT"EINGABE EINES SCHLUESSELWORTES:"
1630 PRINT"(ENTER OHNE WORT BEENDET DIE EINGABE!)"
1640 ZW$ = ""
1650 WINDOW 12,12,15,22:CLS
1660 FOR I=1 TO 8
1670 TA$ = INKEY$
1680 IF TA$="" THEN1670
1690 IF TA$=CHR$(13) THEN1740
1700 IF TA$<" " THEN1670
1710 ZW$ = ZW$+TA$
1720 PRINT TA$;
1730 NEXT
1740 RETURN
1800 ! AENDERN/LOESCHEN?
1810 GOSUB900:!BS INIT
1820 PRINT"SCHLUESSELWORT: ";ZW$,:PRINT
1830 PRINT"INFORMATIONSTEIL: ";DA$(V(NR),2):PRINT
1840 PRINT"   1   AENDERN":PRINT
1850 PRINT"   2 - LOESCHEN"
1860 PRINTAT(9,0);" "
1870 TA$ = INKEY$
1880 IF TA$<"1" OR TA$>"2" THEN1870
1890 ON VAL(TA$) GOSUB 2000,3000
1900 RETURN
2000 ! AENDERN
2010 GOSUB10000:!INFORMATIONSTEIL EINGEBEN
2020 DA$(V(NR),2)=IT$
2030 RETURN
3000 ! LOESCHEN
3005 PRINT:PRINT"BITTE WARTEN":PRINTAT(11,0);" "
3010 SA=SA-1
3020 GR=V(NR)
3030 FOR I=GR TO SA
3040 DA$(I,1)=DA$(I+1,1)
```

```
3050 DA$(I,2)=DA$(I+1,2)
3060 NEXT
3070 DA$(SA+1,1)=""
3080 DA$(SA+1,2)=""
3090 FOR I=NR TO SA
3100 V(I)=V(I+1)
3110 NEXT
3120 FOR I=1 TO SA
3130 IF V(I)>GR THEN V(I)=V(I)-1
3140 NEXT
3150 RETURN
5000 ! BEENDEN/EINFUEGEN
5010 GOSUB900:!BS-INIT
5020 PRINT"SCHLUESSEL: ";ZW$;" NICHT GEFUNDEN":PRINT
5030 PRINT"   1 - OPERATION BEENDEN":PRINT
5040 PRINT"   2 - SATZ EINFUEGEN"
5050 PRINTAT(8,0);" "
5060 TA$ = INKEY$
5070 IF TA$<"1" OR TA$>"2" THEN5060
5080 ON VAL(TA$) GOSUB5090,6000
5090 RETURN
6000 !EINFUEGEN
6010 IF SA<N THEN6070
6020 PRINT:PRINT"TABELLE VOLL, EINFUEGEN UNMOEGLICH":PRINT
6030 PRINT"BITTE BETAETIGEN SIE EINE TASTE!"
6040 PRINTAT(7,0);""
6050 IF INKEY$=""THEN6050
6060 RETURN
6070 GOSUB10000:!INFORMATIONSTEIL EINGEBEN
6080 SA = SA+1
6090 FOR I=SA TO UN+1 STEP -1
6100 V(I)=V(I-1)
6110 V(I)=V(I-1)
6120 NEXT
6130 DA$(SA,1)=ZW$
6140 DA$(SA,2)=IT$
6150 V(UN)=SA
6160 RETURN
10000 !INFORMATIONSTEIL EINGEBEN
10010 GOSUB900:!BS INIT
10020 PRINT"SCHLUESSELWORT:":ZW$:PRINT
10030 PRINT"INFORMATIONSTEIL EINGEBEN:"
10040 PRINT"(MAXIMAL 20 ZEICHEN)"
10050 WINDOW8,8,10,29:CLS
10060 IT$=""
10070 FOR I=1 TO 20
10080 TA$=INKEY$
10090 IF TA$="" THEN10080
10100 IF TA$=CHR$(13) THEN10150
10110 IF TA$<" " THEN10080
10120 PRINTTA$;
10130 IT$=IT$+TA$
10140 NEXT
10150 RETURN
30000 !KONTROLLDRUCK1
```

```
30010 FOR I=1 TO M+1
30020 PRINTI;DA$(I,1),DA$(I,2)
30030 NEXT
30040 RETURN
40000 !KONTROLLDRUCK2
40010 FOR I=1 TO SA
40020 PRINTI;V(I);DA$(V(I),1);" ";DA$(V(I),2)
40030 NEXT
40040 RETURN
50000 ! TESTDATEN GENERIEREN
50010 M=10
50020 FOR I=1 TO M
50030 ZW$=STR$(I):PRINT I;
50040 DA$(I,1)=STRING$(4-LEN(ZW$),"0")+MID$(ZW$,2)
50050 DA$(I,2)="TEXT:"+MID$(ZW$,2)
50060 NEXT I:PRINT
50070 FOR I=1 TO 5*M:PRINT I;
50080 X=INT(M*RND(1)+1)
50090 Y=INT(M*RND(1)+1)
50100 ZW$=DA$(X,1)
50110 DA$(X,1)=DA$(Y,1)
50120 DA$(Y,1)=ZW$
50130 ZW$=DA$(Y,2)
50140 DA$(Y,2)=DA$(X,2)
50150 DA$(X,2)=ZW$
50160 NEXT I:PRINT
50170 !CSAVE*"DA";DA$
50180 !GOSUB30000:PAUSE
50190 RETURN
OK
```

Bild 5 Programmausdruck

3. Teststrategie

Die einzelnen Module wurden entsprechend der Programmstruktur von oben nach unten entwickelt und getestet. Fehlende Module wurden zunächst durch einfaches RETURN ersetzt. Zum Test wurden zunächst weiter die Module ab 30000 genutzt, die nicht zum eigentlichen Programm gehören. Da sie eine geringe Größe haben, wurden sie im Programm belassen. Das bringt bei späteren Änderungen Vorteile.

Durch Auswahl der Testdaten mit Hilfe des Moduls ab 50000, konnten die verschiedensten Testdaten gebildet werden. Die eingegebenen Schlüsselworte wurden so gewählt, daß möglichst alle Wege im Programm durchlaufen werden. Des weiteren wurde ständig überprüft, ob die Forderungen der Aufgabenstellung streng erfüllt werden und eine einfache und sichere Abarbeitung gegeben ist.

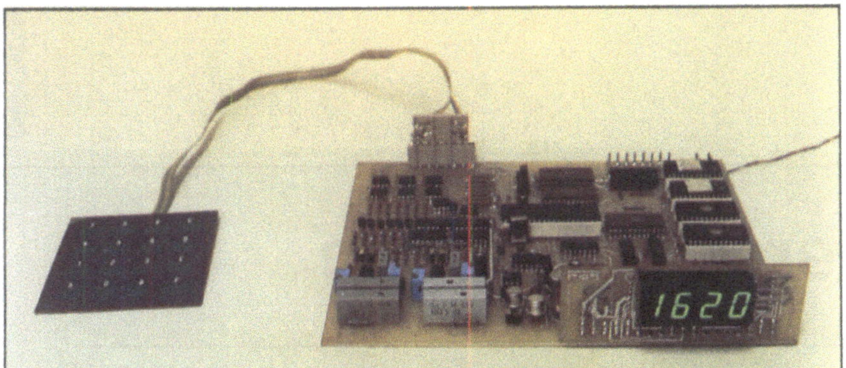

Programmierbare Anzeige- und Auswerteeinheit

2

Bernd Möller
VEB Forschung, Entwicklung und Rationalisierung des Schwermaschinen- und Anlagenbaus Magdeburg

Vorbemerkung

In zahlreichen technologischen Prozessen verlangt die Analyse der Prozeßsignale eine mikrorechnergestützte Auswertung. Vorteilhaft ist vielfach ein speziell zugeschnittenes und damit leicht handhabbares Gerät.

Die programmierbare Anzeige- und Auswerteeinheit (PAA) erfüllt insbesondere die Erfordernisse zum Anschluß an einen Hochtemperatursensor zur Überwachung von Stahlschmelzen. Ausgewertet werden die Thermospannung an einem Halbleiter unter dem Einfluß eines Temperaturgradienten, die etwa 500 mV betragen kann, und das Signal eines Fühlerkopftransmitters in Verbindung mit einem Widerstandsthermometer /1/, /2/. Aus diesen beiden Signalen und einem über eine Tastatur eingegebenen Vergleichswert ermittelt die PAA die Temperatur der Stahlschmelze kontinuierlich.

Das Gerät ist so konzipiert, daß es eine Vielzahl meßtechnischer Probleme löst, und es kann durch programmtechnische Änderungen an die unterschiedlichsten Meßaufgaben angepaßt werden /3/.

Verwendungszweck

Die PAA ist eine universelle Mikrorechnerlösung auf der Basis eines EMR zur Erfassung, Verarbeitung und Anzeige von Prozeßsignalen. Als analoge Signale können Spannungen von −99 bis +999 mV oder Ströme von 0 bis 20 mA bzw. 4 bis 20 mA erfaßt werden.

Zwei vom Rechnerkern potentialgetrennte ADU stellen dem EMR die Meßwerte in einer verarbeitungsgerechten Form zur Verfügung. Diese Meßwerte können vom EMR nach vorgegebenen Algorithmen verarbeitet werden. Zu den Aufgaben des EMR zählen u. a. die Bildung von Meßwertdifferenzen, -mittelwerten, -tendenzabschätzungen, Bestimmung von zeitlichen Änderungen. Die Anzeige dient zur visuellen Ausgabe dieser Größen. Zur zusätzlichen Eingabe kann eine Tastatur verwendet werden. Außerdem gestattet die PAA die Kopplung mit weiteren Geräten gleicher Priorität oder mit übergeordneten Rechnern zur zentralen Meßwerterfassung und -verarbeitung. Zusätzlich ist ein 8-Bit-paralleler Ausgang vorhanden, über den der Anwender frei verfügen kann, beispielsweise zum Anschluß eines DAU in Verbindung mit einem Schreiber. Bild 1 zeigt die Struktur der Verarbeitungselektronik.

Aufbau

Die wesentlichen Strukturen einer komfortablen Mikrorechnerkonfiguration sind bereits im EMR enthalten. Dazu zählen der interne RAM-Bereich, der Timer, das serielle E/A-Port und die parallelen Schnittstellen.

Durch Aufrüstung wird die Mikrorechnerkonfiguration zu einem kompakten Gerät (Bild 2). Über den EMR hinaus sind folgende Baugruppen vorhanden:

- externer Speicher
  - 8 KByte EPROM
  - 1 KByte RAM
- 2 Analog-Digital-Wandler
- 1 4×4-Matrix-Tastatur
- 1 4stellige Anzeige
- 1 8-Bit-paralleler Digitalausgang
- Logik-Baugruppe
- Stromversorgung

sowie durch schaltungstechnische Anpassung an Standard-Schnittstellen

- 1 serieller Digitaleingang (IFSS)
- 2 serielle Digitalausgänge (IFSS).

Bild 3 zeigt als Blockschaltbild das funktionelle Zusammenwirken der einzelnen Baugruppen des Gerätes.

Die Basis des Gerätes bildet ein EMR vom Typ U 883. Dieser arbeitet mit einer externen Taktfrequenz von 4,194 MHz. Port 0 und 1 stellen die Speicherbezüge her. Als Tastaturport ist Port 2 festgelegt, da dieses Port bitprogrammierbar ist. Port 3 stellt die Ein- und Ausgänge für die Timer-Kanäle (T_{in}, T_{out}) und für den SIO-Kanal (S_{in}, S_{out}) sowie die Signale zur Auswahl der seriellen Digitalausgänge (P 35) und zur Auswahl der Analogeingänge (P 34) zur Verfügung. Es besitzt somit einen universellen Charakter.

Das Gerät besitzt zwei Analogeingänge, die vom Rechnerkern potential getrennt sind. Eine Entkopplung der beiden Eingänge untereinander ist nicht vorhanden. Die Umwandlung der analogen Signale erfolgt mit einem ADU vom Typ C 520. Dieser legt auch die Kennwerte der Umsetzung fest. Der Zugriff auf die gewandelten Analogsignale erfolgt über eine Speicheroperation im externen Speicher des EMR. Der ADU wird somit im Memory-mapping betrieben und es können die Befehle LDC und LDE verwendet werden. Als Speicherplatz ist die Adresse 5000H festgelegt.

Die serielle Dateneingabe ist für die Kopplung mit weiteren Anzeige- und Auswerteeinheiten oder mit übergeordneten Rechnerkonfigurationen vorgesehen. Sie erfolgt über zweiadrige Stromschleifen, die vom Rechnerkern potentialgetrennt sind. Gleiches gilt für die serielle Datenausgabe, wobei diese auch zur Kopplung mit peripheren Geräten (Fernschreiber, Drucker) genutzt werden kann.

Zur Eingabe von Meß- und Korrekturwerten sowie zum Aufruf von Hilfs- und Testprogrammen befindet sich auf dem Mikrorechnerkern eine Schnittstelle zum Anschluß einer 16teiligen Folientastatur. Sie ist auf ein Minimum konzipiert, um die Bedienerhandlungen weitestgehend einzuschränken bzw. effektiv zu gestalten.

Die Anzeige der Prozeßdaten erfolgt über eine 4stellige 7-Segmentanzeige. Den Zugriff erreicht der EMR über zwei externe Speicheroperationen, in gleicher Art, wie sie im Zusammenwirken mit dem ADU ablaufen. Als Speicherplätze sind 4000 H und 4800 H festgelegt.

Gleiches gilt für das 8-Bit-parallele Digitalausgabeport, welches für den Anwender frei verfügbar ist. Dessen Speicherplatz ist mit 5800 H festgelegt.

Im Gerät werden drei Spannungen benötigt. Für den Rechnerkern und für die Analogeingänge 5 V, die aufgrund der Potentialtrennung getrennt bereitgestellt werden, sowie 12 V für die seriellen Digitalausgänge.

1

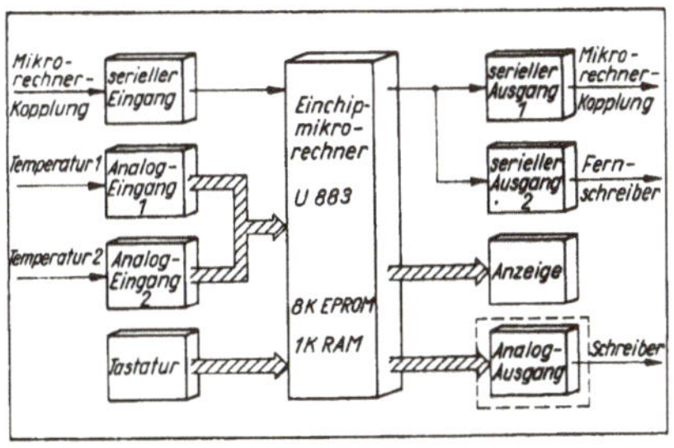

3

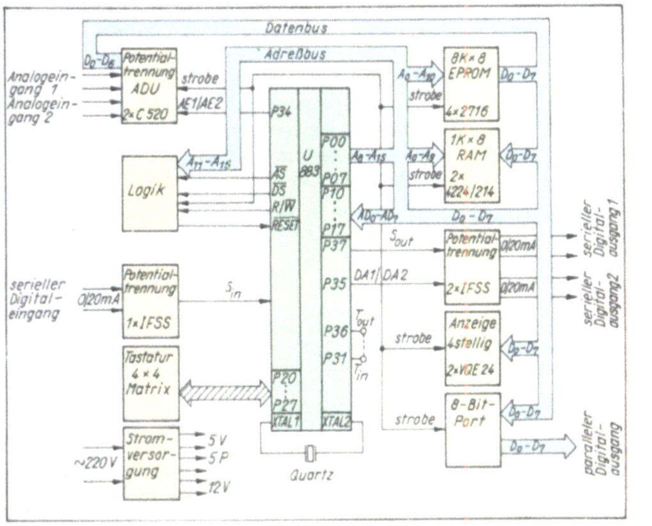

Bild 1 Struktur der Verarbeitungselektronik

Bild 2 Ansicht der Anzeige- und Verarbeitungselektronik

Bild 3 Übersicht der PAA

Literatur

/1/ Schulz, P.; Möller, B.: Kontinuierliche Temperaturüberwachung von Stahlschmelzen, msr, Berlin 30 (1987) 3 S. 98–102.

/2/ Möller, B., Schulz, P.: Praktische Untersuchungen zur kontinuierlichen Temperaturmessung in Stahlschmelzen, msr, Berlin 30 (1987) 7 S. 313–317

/3/ Möller, B.: PAA-Programmierbare Anzeige- und Auswerteeinheit; Dokumentation VEB FER Magdeburg 1987

⊠ KONTAKT ☏

VEB Forschung, Entwicklung und Rationalisierung des SAB, Abt. SEZ, Bleckenburgstr. 25, Magdeburg, 3011; Tel. 44281

ISSN 0232-2892
Mikroprozessortechnik, Berlin 2 (1988) 2
S. 33–64

Neuerscheinungen

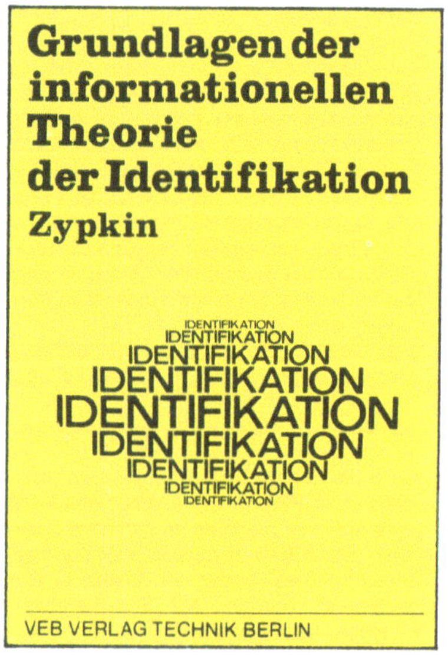

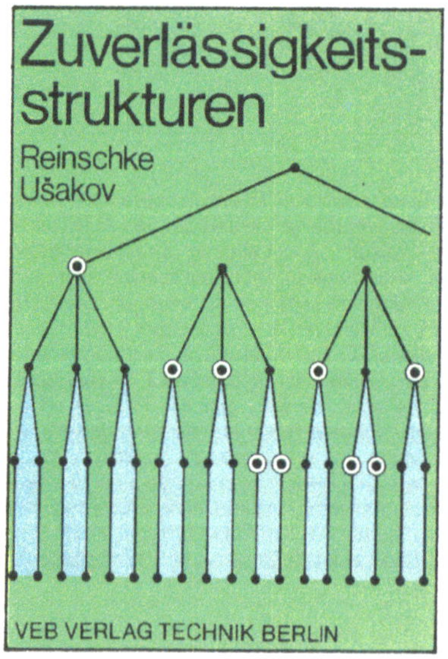

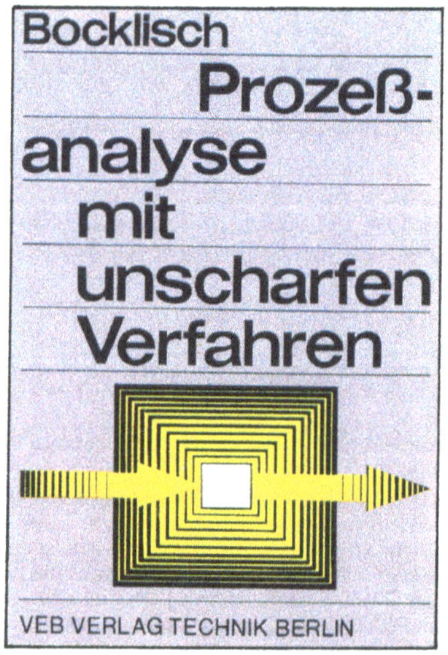

Grundlagen der informationellen Theorie der Identifikation

Von Prof. Dr. d. techn. Wiss. Ja. S. Zypkin. Aus dem Russischen. 255 Seiten, 92 Bilder, 13 Tafeln, Kunstleder, DDR 36,– M, Ausland 56,– DM. Bestellangaben: 553 761 0/Zypkin, Identifikation

Der Autor zeigt mit seiner informationellen Theorie der Identifikation eine Möglichkeit, geeignete Verfahren auf der Grundlage vorhandener A-priori-Information auszuwählen. Damit wendet er sich sowohl an Theoretiker auf den Gebieten der Kybernetik, mathematischen Statistik und angewandten Systemanalyse, die sich mit der Identifikation dynamischer Systeme beschäftigen, als auch an Praktiker, die in Technik, Medizin, Biologie und anderen Bereichen diese Algorithmen anwenden können.

Zuverlässigkeitsstrukturen

Modellbildung · Modellauswertung
Von Dr.-Ing. habil. Dr. rer. nat. Kurt Reinschke und Prof. Dr. sc. techn. I. A. Ušakov. 240 Seiten, 95 Bilder, 14 Tafeln, Leinen, DDR 33,– M, Ausland 38,– DM. Bestellangaben: 553 728 2/ Reinschke, Zuverlässig

Hauptanliegen dieses Buches ist die Modellbildung und Untersuchung der Zuverlässigkeitsstruktur von Systemen. Als das entscheidende Darstellungsmittel werden Graphen benutzt. Die Methoden sind sowohl auf technische als auch auf nichttechnische Systeme anwendbar.
Die Darstellung ist weitgehend elementar, es werden keine Vorkenntnisse über Zuverlässigkeitstheorie vorausgesetzt.

Auslieferung durch den Fachbuchhandel

Prozeßanalyse mit unscharfen Verfahren

Von Dr. sc. techn. Steffen F. Bocklisch. 196 Seiten, 131 Bilder, 7 Programme, Leinen DDR 27,– M, Ausland 37,– DM. Bestellangaben: 553 746 9/Bocklisch, Prozeßanalyse

Vermittelt wird eine Methode, mit der die Modellbildung für große Systeme möglich wird, wie sie in Technik, Medizin, Ökonomie oder Umwelt zu finden sind. Die Besonderheit liegt darin, daß Unsicherheiten gemessener Daten erfaßbar sind und sprachlich formulierte Aussagen des Fachmanns verarbeitet werden können. Die unscharfe Prozeßanalyse ist in der Lage, Grob- und Feinmodelle zu entwickeln sowie Steuerentscheidungen abzuleiten. Mit der Einführung in diese Theorie und mit praktischen Beispielen (bis hin zu Rechnerprogrammen) werden potentielle Anwender und Interessenten aus vielen technischen und nichttechnischen Bereichen angesprochen.

VEB VERLAG TECHNIK BERLIN

Kolibri 360 GmbH
Ferdinand-Jühlke-Straße 7
99095 Erfurt, Deutschland
produktsicherheit@kolibri360.de